▶▶ 二维码教学视频使用方法

本套丛书提供书中案例操作的二维码教学视频,读者可以使用手机微信、QQ 以及浏览器中的"扫一扫"功能,扫描本书前言中的二维码图标,即可打开本书对应的同步教学视频界面。

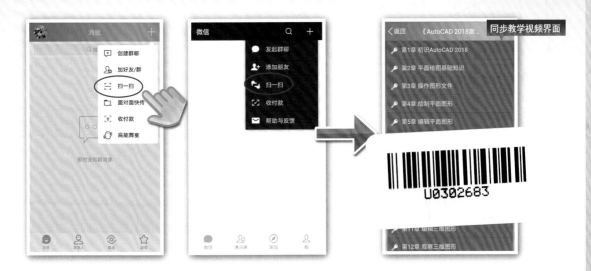

在教学视频界面中点击需要学习的章名, 此时在弹出的下拉列表中显示该章的所有视频教学案例,点击任意一个案例名称,即可进入该案例的视频教学界面。

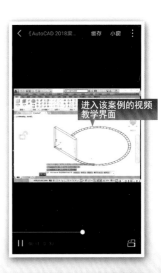

点击案例视频播放界面右下角的 ⊡ 按钮,可以打开视频教学的横屏观看模式。

[配套资源使用说明]

▶▶ 电脑端资源使用方法

　　本套丛书配套的素材文件、电子课件、扩展教学视频以及云视频教学平台等资源，可通过在电脑端的浏览器中下载后使用。读者可以登录本丛书的信息支持网站（http://www.tupwk.com.cn/teaching）下载图书对应的相关资源。

　　读者下载配套资源压缩包后，可在电脑中对该文件解压缩，然后双击名为 Play 的可执行文件进行播放。

▶▶ 扩展教学视频&素材文件

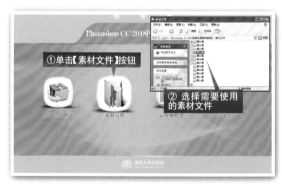

▶▶ 云视频教学平台

▶ 插入函数

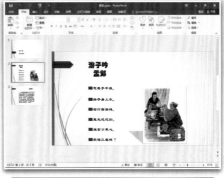

▶ 插入幻灯片图片

▶ 插入艺术字

▶ 茶饮宣传单

▶ 创建模板工作簿

▶ 动作路径动画效果

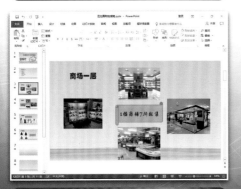

▶ 购物指南PPT

▶ 咖啡宣传PPT

▶ 切换动画方式

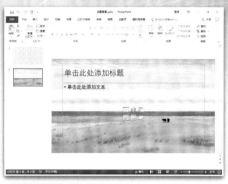

▶ 设置幻灯片背景

▶ 设置切换动画

▶ 竖排文本

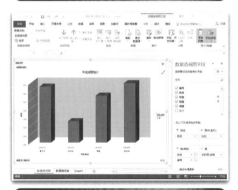

▶ 数据透视图

▶ 添加标记

▶ 添加超链接

▶ 添加动画效果

计算机应用案例教程系列

Office 2016

办公应用

案例教程

夏魁良　于莉莉◎编著

U0302640

清华大学出版社

北京

内 容 简 介

本书以通俗易懂的语言、翔实生动的案例全面介绍 Office 2016 办公处理软件套装的操作方法和使用技巧。全书共分 12 章，内容涵盖了 Office 2016 办公基础，使用 Windows 10 操作系统办公，Word 2016 办公基础，图文混排美化 Word 文档，Word 高级排版操作，Excel 2016 办公基础，使用公式与函数，管理和分析表格数据，PowerPoint 2016 办公基础，幻灯片版式和动画设计，放映与发布演示文稿、Office 办公综合案例演示等。

书中同步的案例操作二维码教学视频可供读者随时扫码学习。本书还提供配套的素材文件、与内容相关的扩展教学视频以及云视频教学平台等资源的电脑端下载地址，方便读者扩展学习。本书具有很强的实用性和可操作性，是一本适合于高等院校及各类社会培训学校的优秀教材，也是广大初、中级计算机用户的首选参考书。

本书对应的电子课件及其他配套资源可以到 http://www.tupwk.com.cn/teaching 网站下载。

图书在版编目(CIP)数据

Office 2016 办公应用案例教程 / 夏魁良，于莉莉 编著.—北京：清华大学出版社，2019（2024.12重印）
（计算机应用案例教程系列）
ISBN 978-7-302-52730-5

I. ①O… II. ①夏… ②于… III. ①办公自动化－应用软件－教材 IV. ①TP317.1

中国版本图书馆 CIP 数据核字(2019)第 063194 号

责任编辑：胡辰浩
封面设计：孔祥峰
版式设计：妙思品位
责任校对：牛艳敏
责任印制：刘海龙

出版发行：清华大学出版社
　　　　　网　　　址：https://www.tup.com.cn, https://www.wqxuetang.com
　　　　　地　　　址：北京清华大学学研大厦 A 座　　　　邮　　编：100084
　　　　　社 总 机：010-83470000　　　　　　　　　　邮　　购：010-62786544
　　　　　投稿与读者服务：010-62776969，c-service@tup.tsinghua.edu.cn
　　　　　质 量 反 馈：010-62772015，zhiliang@tup.tsinghua.edu.cn
印 装 者：涿州市般润文化传播有限公司
经　　销：全国新华书店
开　　本：185mm×260mm　　印　　张：18.75　　插　　页：2　　字　　数：480 千字
版　　次：2019 年 5 月第 1 版　　印　　次：2024 年 12 月第 6 次印刷
印　　数：4101～4400
定　　价：69.00 元

产品编号：076372-02

前 言

熟练使用计算机已经成为当今社会不同年龄层次的人群必须掌握的一门技能。为了使读者在短时间内轻松掌握计算机各方面应用的基本知识，并快速解决生活和工作中遇到的各种问题，清华大学出版社组织了一批教学精英和业内专家特别为计算机学习用户量身定制了这套"计算机应用案例教程系列"丛书。

丛书、二维码教学视频和配套资源

➤ 选题新颖，结构合理，内容精炼实用，为计算机教学量身打造

本套丛书注重理论知识与实践操作的紧密结合，同时贯彻"理论+实例+实战"三阶段教学模式，在内容选择、结构安排上更加符合读者的认知习惯，从而达到老师易教、学生易学的目的。丛书采用双栏紧排的格式，合理安排图与文字的占用空间，在有限的篇幅内为读者奉献更多的计算机知识和实战案例。丛书完全以高等院校、职业学校及各类社会培训学校的教学需要为出发点，紧密结合学科的教学特点，由浅入深地安排章节内容，循序渐进地完成各种复杂知识的讲解，使学生能够一学就会、即学即用。

➤ 教学视频，一扫就看，配套资源丰富，全方位扩展知识能力

本套丛书提供书中案例操作的二维码教学视频，读者使用手机微信、QQ 以及浏览器中的"扫一扫"功能，扫描下方的二维码，即可观看本书对应的同步教学视频。此外，本书配套的素材文件、与本书内容相关的扩展教学视频以及云视频教学平台等资源，可通过在电脑端的浏览器中下载后使用。

(1) 本书配套素材和扩展教学视频文件的下载地址如下。

http://www.tupwk.com.cn/teaching

(2) 本书同步教学视频的二维码如下。

扫一扫，看视频

本书微信服务号

➤ 在线服务，疑难解答，贴心周到，方便老师定制教学教案

本套丛书精心创建的技术交流 QQ 群(101617400、2463548)为读者提供 24 小时便捷的在线交流服务和免费教学资源。便捷的教材专用通道(QQ：22800898)为老师量身定制实用的教学课件。老师也可以登录本丛书的信息支持网站(http://www.tupwk.com.cn/teaching)下载图书对应的电子课件。

本书内容介绍

《Office 2016 办公应用案例教程》是这套丛书中的一本，该书从读者的学习兴趣和实际需求出发，合理安排知识结构，由浅入深、循序渐进，通过图文并茂的方式讲解 Office 2016 办公软件套装的基础知识和操作方法。全书共分为 12 章，主要内容如下。

第 1 章：介绍 Office 2016 软件操作的基础内容。

第 2 章：介绍在 Windows 10 操作系统中办公的操作方法和技巧。

第 3 章：介绍使用 Word 2016 进行文档处理的方法和技巧。

第 4 章：介绍在 Word 2016 中使用图文混排美化文档的方法和技巧。

第 5 章：介绍在 Word 2016 中进行高级排版的方法和技巧。

第 6 章：介绍使用 Excel 2016 进行表格制作的方法和技巧。

第 7 章：介绍在 Excel 2016 中使用公式与函数的方法和技巧。

第 8 章：介绍在 Excel 2016 中管理和分析表格数据的方法和技巧。

第 9 章：介绍使用 PowerPoint 2016 进行幻灯片设计的方法和技巧。

第 10 章：介绍在 PowerPoint 2016 中进行版式和动画设计的方法和技巧。

第 11 章：介绍在 PowerPoint 2016 中放映和发布幻灯片的方法和技巧。

第 12 章：介绍使用 Office 2016 软件制作综合案例的方法和技巧。

读者定位和售后服务

本套丛书为所有从事计算机教学的老师和自学人员而编写，是一套适合于高等院校及各类社会培训学校的优秀教材，也可作为计算机初中级用户的首选参考书。

如果您在阅读图书或使用电脑的过程中有疑惑或需要帮助，可以登录本丛书的信息支持网站(http://www.tupwk.com.cn/teaching)或通过 E-mail(wkservice@vip.163.com)联系，本丛书的作者或技术人员会提供相应的技术支持。

本书分为 12 章，其中黑河学院的夏魁良编写了第 1～6 章，佳木斯大学的于莉莉编写了第 7～12 章。另外，参与本书编写的人员还有陈笑、孔祥亮、杜思明、高娟妮、熊晓磊、曹汉鸣、何美英、陈宏波、潘洪荣、王燕、谢李君、李珍珍、王华健、柳松洋、陈彬、刘芸、高维杰、张素英、洪妍、方峻、邱培强、顾永湘、王璐、管兆昶、颜灵佳、曹晓松等。由于作者水平所限，本书难免有不足之处，欢迎广大读者批评指正。我们的邮箱是 huchenhao@263.net，电话是 010-62796045。

"计算机应用案例教程系列"丛书编委会

2019 年 5 月

第1章

Office 2016 办公基础

Office 2016 是 Microsoft 公司推出的办公软件，由许多实用组件程序所组成，包含文字处理、电子表格和幻灯片制作等办公应用工具。本章将简单介绍 Office 2016 的办公应用和基础知识。

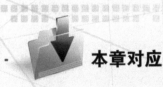 **本章对应视频**

例 1-1 安装 Office 2016 例 1-4 使用帮助系统
例 1-2 设置功能区 例 1-5 定制界面并创建文档
例 1-3 设置快速访问工具栏

1.1　Office 2016 办公应用

Office 2016 中包括 Word 2016、Excel 2016、PowerPoint 2016 等多种组件，Word、Excel、和 PowerPoint 这三个软件是日常办公中最常用的三大组件，简称为办公三剑客，它们分别应用于文字处理领域、数据处理领域和幻灯片演示领域。

1.1.1　Word 办公应用

Word 2016 是一款功能强大的文档处理软件。它既能够制作各种简单的办公商务和个人文档，又能制作用于印刷的版式复杂的文档。使用 Word 2016 处理文件，大大提高了企业办公自动化的效率。

Word 2016 主要有以下几种用于办公的功能。

➤ 文字处理功能：Word 2016 是一个功能强大的文字处理软件，利用它可以输入文字，并可设置不同的字体样式和大小。

➤ 表格制作功能：Word 2016 不仅能处理文字，还能制作各种表格。

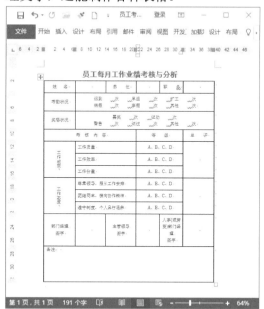

➤ 文档组织功能：在 Word 2016 中可以建立任意长度的文档，还能对长文档进行各种编辑管理。

➤ 图形图像处理功能：在 Word 2016 中可以插入图形图像，例如文本框、艺术字和图表等，制作出图文并茂的文档。

➤ 页面设置及打印功能：在 Word 2016 中可以设置出各种各样的版式，以满足不同用户的需求。使用打印功能可以轻松地将电子文本打印到纸上。

1.1.2　Excel 办公应用

Excel 是一款非常优秀的电子表格制作软件，不仅广泛应用于财务部门，很多其他用户也使用 Excel 来处理和分析他们的业务信息。Excel 2016 主要负责数据计算工作，具有数据录入与编辑、表格美化、数据计算、数据分析与数据管理等功能。

Excel 2016 主要有以下几种用于办公的功能。

➤ 创建统计表格：Excel 2016 的制表功能可以把用户所用到的数据输入 Excel 中以形成表格。

➤ 进行数据计算：在 Excel 2016 的工作表中输入完数据后，还可以对用户所输入的数据进行计算，例如进行求和、求平均值、求最大值以及最小值等。此外，Excel 2016 还提供强大的公式运算与函数处理功能，可以对数据进行更复杂的计算工作。

➤ 建立多样化的统计图表：在 Excel 2016 中，可以根据输入的数据来建立统计图表，以便更加直观地显示数据之间的关系，让用户可以比较数据之间的变动和趋势等。

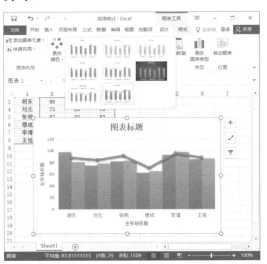

1.1.3　PowerPoint 办公应用

PowerPoint 是一款演示文稿软件，使用它可以制作出丰富多彩的幻灯片，并使其带有各种特效，使所有信息可以更漂亮地显现出来，吸引观众的眼球。

PowerPoint 2016 主要有以下几种用于办公的功能。

➤ 多媒体商业演示：PowerPoint 可以为各种商业活动提供一个内容丰富的多媒体产品或服务演示的平台，帮助销售人员向最终用户演示产品或服务的优越性。如下图所示为商业演示幻灯片。

➤ 多媒体交流演示：PowerPoint 演示文稿是宣讲者的演讲辅助手段，以交流为用途，被广泛用于培训、研讨会、产品发布等领域。

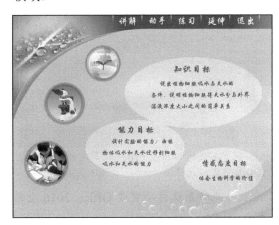

➤ 多媒体娱乐演示：因为 PowerPoint 支持文本、图像、动画、音频和视频等多种媒体内容的集成，所以，很多用户都使用 PowerPoint 来制作各种娱乐性质的演示文稿，例如手工剪纸图案集、相册等，通过 PowerPoint 的丰富表现功能来展示多媒体娱乐内容。

1.2　Office 2016 的安装和卸载

　　要运行 Office 2016，首先要将其安装到电脑里。安装完毕后，就可使用它完成相应的任务了。学会安装后还需要学习如何卸载 Office 2016。

1.2.1　安装 Office 2016

　　用户可在软件专卖店或 Microsoft 公司官方网站中购买正版软件，通过光盘中的注册码即可成功安装 Office 常用组件。

　　安装 Office 2016 的方法很简单，只需要运行安装程序，按照操作向导提示，就可以轻松地将该软件安装到电脑中。

【例 1-1】安装 Office 2016 软件。📀视频

step 1 在桌面上打开【此电脑】窗口，找到 Office 2016 安装文件所在目录，双击其中的【setup.exe】文件，开始进行安装。

📌 **实用技巧**

　　网上下载的 Office 2016 一般是虚拟光盘格式，需要安装虚拟光驱。

step 2 此时系统自动安装 Office 2016 全系列组件。

step 3 安装完毕后单击【关闭】按钮即可。

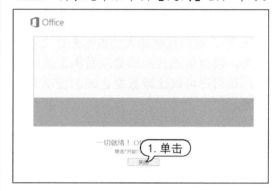

1.2.2　卸载 Office 2016

　　安装完 Office 2016 后，如果程序出错，可以进行修复，或者将其卸载后重新安装。

step 1 双击桌面上的【控制面板】按钮，打开【所有控制面板项】窗口，单击【程序和功能】按钮。

step② 打开【程序和功能】窗口,找到 Office 2016 程序,右击会弹出两个选项,分别是【卸载】和【更改】选项,此时选择【更改】选项。

step③ 弹出 Office 对话框,选中【快速修复】单选按钮,单击【修复】按钮即可进行快速修复。

step④ 如果右击选择的是【卸载】按钮,在弹出的对话框中单击【卸载】按钮,即可开始卸载 Office 2016。

1.3 Office 2016 的启动和退出

将 Office 2016 安装到电脑中后,首先需要掌握启动和退出组件的操作方法,也就是打开和关闭组件。

1.3.1 启动 Office 2016

Office 2016 各组件的功能虽然各异,但其启动方法基本相同。下面以启动 Word 2016 组件为例讲解启动和退出的方法。

启动是使用 Word 2016 最基本的操作。下面将介绍启动 Word 2016 的几种常用方法。

➤ 从【开始】菜单启动:启动 Windows 10 后,打开【开始】菜单,选择【Word 2016】选项,启动 Word 2016。

➤ 通过桌面快捷方式启动:当 Word 2016 安装完后,桌面上将自动创建 Word 2016 快捷图标。双击该快捷图标,即可启动 Word 2016。

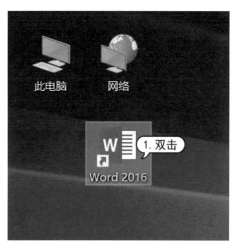

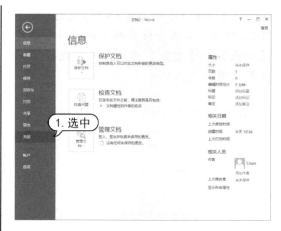

▶ 通过 Word 文档启动：双击后缀名为.docx 的文件，即可打开该文档，启动 Word 2016 应用程序。

1.3.2 退出 Office 2016

退出 Word 2016 有很多方法，常用的主要有以下几种。

▶ 单击 Word 2016 窗口右上角的【关闭】按钮 ×。

▶ 选择【文件】|【关闭】命令。

▶ 按 Alt+F4 快捷键。

▶ 右击标题栏，从弹出的菜单中选择【关闭】命令。

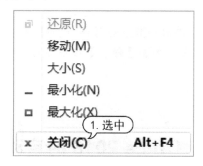

1.4 Office 2016 的工作界面

Office 2016 的工作界面在 Office 2013 版本的基础上，又进行了一些优化。它将所有的操作命令都集成到功能区中不同的选项卡下，用户在功能区中即可方便地使用各组件的各种功能。

1.4.1 Word 2016 工作界面

启动 Word 2016 后，用户可看到如右图所示的主界面，该界面主要由标题栏、快速访问工具栏、功能区、文档编辑区和状态栏等组成。

在 Word 2016 界面中，各部分的功能如下。

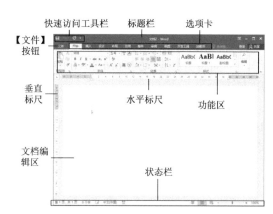

▶ 快速访问工具栏：快速访问工具栏中包含最常用操作的快捷按钮，方便用户使用。在默认状态下，快速访问工具栏中包含 3 个快捷按钮，分别为【保存】按钮、【撤销】按钮和【恢复】按钮。

▶ 标题栏：标题栏位于窗口的顶端，用于显示当前正在运行的程序名及文件名等信息。标题栏最右端有 3 个按钮，分别用来控制窗口的最小化、最大化和关闭，此外还有一个【功能区显示选项】按钮，单击该按钮可以选择显示或隐藏功能区。在按钮下方有搜索框，以及用来登录 Microsoft 账号和共享文件的按钮。

▶ 功能区：在 Word 2016 中，功能区是完成文本格式操作的主要区域。在默认状态下，功能区主要包含【开始】【插入】【设计】【布局】【引用】【邮件】【审阅】【视图】【加载项】基本选项卡中的工具按钮。

▶ 状态栏：状态栏位于 Word 窗口的底部，显示了当前文档的信息，如当前显示的文档是第几页、第几节和当前文档的字数等。在状态栏中还可以显示一些特定命令的工作状态。状态栏中间有视图按钮，用于切换文档的视图方式。另外，通过拖动右侧的【显示比例】中的滑块，可以直观地改变文档编辑区的大小。

▶ 垂直和水平标尺：标尺主要用来显示和定位文本的位置。

1.4.2　Excel 2016 工作界面

启动 Excel 2016 后，就可以看到 Excel 2016 主界面。

Excel 2016 的工作界面和 Word 2016 类似，其中相似的元素在此不再重复介绍了，仅介绍一下 Excel 特有的编辑栏、工作表编辑区、行号、列标和工作表标签等元素。

▶ 编辑栏：在编辑栏中主要显示的是当前单元格中的数据，可在编辑框中对数据直接进行编辑。其中的单元格名称框显示当前单元格的名称；插入函数按钮在默认状态下只有一个按钮 f_x，当在单元格中输入数据时会自动出现另外两个按钮 ✕ 和 ✓，单击 f_x 按钮可在打开的【插入函数】对话框中选择需在当前单元格中插入的函数；编辑框用来显示或编辑当前单元格中的内容，有公式和函数时则显示公式和函数。

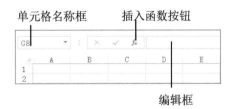

▶ 工作表编辑区：相当于 Word 的文档编辑区，是 Excel 的工作平台和编辑表格的重要区域，其位于操作界面的中间位置。

▶ 行号和列标：行号和列标是确定单元格位置的重要依据，也是显示工作状态的一种导航工具。其中，行号由阿拉伯数字组成，列标由大写的英文字母组成。单元格的命名规则是：列标＋行号。例如第 C 列的第 3 行即称为 C3 单元格。

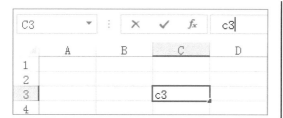

> 工作表标签：在一个工作簿中可以有多个工作表，工作表标签表示的是每个对应工作表的名称。

1.4.3 PowerPoint 2016 工作界面

PowerPoint 2016 的工作界面主要由标题栏、功能区、预览窗格、幻灯片编辑窗口、备注栏、状态栏、快捷按钮和显示比例滑杆等元素组成。

> 预览窗格：该窗格显示了幻灯片的缩略图，单击某个缩略图可在主编辑窗口查看和编辑该幻灯片。

> 备注栏：在该栏中可分别为每张幻灯片添加备注文本。

> 快捷按钮和显示比例滑杆：该区域包括 6 个快捷按钮和一个【显示比例滑杆】，其中 4 个视图按钮可快速切换视图模式；一个比例按钮可快速设置幻灯片的显示比例；最右边的一个按钮可使幻灯片以合适比例显示在主编辑窗口；另外通过拖动【显示比例滑杆】中的滑块，可以直观地改变文档编辑区的大小。

1.5 Office 2016 的视图模式

Office 2016 为用户提供了多种浏览文档的方式，各种组件所提供的视图模式也各有不同。下面将分别介绍 Word 2016、Excel 2016、PowerPoint 2016 各组件的视图模式。

1.5.1 Word 2016 视图模式

Word 2016 为用户提供了多种浏览文档的视图模式，包括页面视图、阅读视图、Web 版式视图、大纲视图和草稿视图。在【视图】选项卡的【文档视图】区域中，单击相应的按钮，即可切换视图模式。

▶ 页面视图：页面视图是 Word 默认的视图模式，该视图中显示的效果和打印的效果完全一致。在页面视图中可看到页眉、页脚、水印和图形等各种对象在页面中的实际打印位置，便于用户对页面中的各种元素进行编辑。

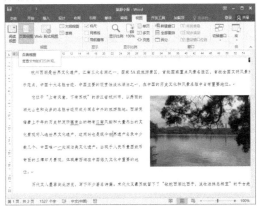

知识点滴

在页面视图模式中，页与页之间具有一定的分界区域，双击该区域，即可将页与页相连显示。

▶ 阅读视图：为了方便用户阅读文章，Word 设置了【阅读视图】模式，该视图模式比较适用于阅读比较长的文档，如果文字较多，它会自动分成多屏以方便用户阅读。在该视图模式中，可对文字进行勾画和批注。

▶ Web 版式视图：Web 版式视图是几种视图方式中唯一一个按照窗口的大小来显示文本的视图，使用这种视图模式查看文档时，无须拖动水平滚动条就可以查看整行文字。

▶ 大纲视图：对于一个具有多重标题的文档来说，用户可以使用大纲视图来查看该文档。这是因为大纲视图是按照文档中标题的层次来显示文档的，用户可将文档折叠起来只看主标题，也可展开文档查看全部内容。

▶ 草稿视图：草稿视图是 Word 中最简化的视图模式，在该视图中不显示页边距、页眉和页脚、背景、图形图像以及没有设置为"嵌入型"环绕方式的图片，因此这种视图模式仅适合编辑内容和格式都比较简单的文档。

1.5.2 Excel 2016 视图模式

在 Excel 2016 中，用户可以调整工作簿的显示方式。打开【视图】选项卡，然后可在【工作簿视图】组中选择视图模式，主要分为【普通】视图模式、【页面布局】视图模式、【分页预览】视图模式和【自定义视图】模式。

➤ 普通视图：普通视图是 Excel 默认的视图模式，主要将网格、行号、列标等元素都显示出来。

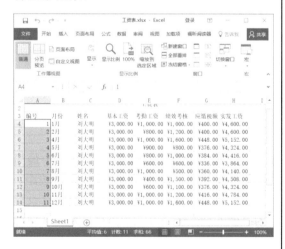

➤ 页面布局视图：在页面布局视图中可看到页眉、页脚、水印和图形等各种对象在页

面中的实际打印位置，便于用户对页面中的各种元素进行编辑。

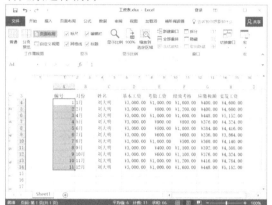

➤ 分页预览视图：可以在这种视图中看到设置的 Excel 表格内容会被打印在哪一页，通过使用分页预览功能可以避免一些内容打印到其他页面。

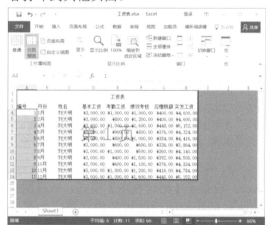

➤ 自定义视图：打开【视图】选项卡，在【工作簿视图】组中单击【自定义视图】按钮，将会打开【视图管理器】对话框，在其中用户可以自定义视图的元素。

1.5.3 PowerPoint 2016 视图模式

PowerPoint 2016 提供了普通视图、大纲视图、幻灯片浏览视图、备注页视图和阅读

视图等 5 种视图模式。

> 普通视图：在 PowerPoint 2016 的普通视图中，左边显示幻灯片缩略图，右边显示幻灯片的具体内容。

> 大纲视图：用户可以通过在【视图】选项卡的【演示文稿视图】组中单击【大纲视图】按钮，显示大纲视图形式，左边显示每张幻灯片的大纲内容。

> 幻灯片浏览视图：使用幻灯片浏览视图，可以在屏幕上同时看到演示文稿中的所有幻灯片，这些幻灯片以缩略图方式显示在同一窗口中。

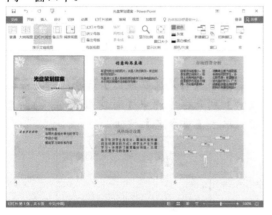

> 备注页视图：在备注页视图模式下，用户可以方便地添加和更改备注信息，也可以添加图形等信息。

> 阅读视图：如果用户希望在一个设有简单控件的审阅的窗口中查看演示文稿，而不想使用全屏的幻灯片放映视图，则可以在自己的电脑中使用阅读视图。

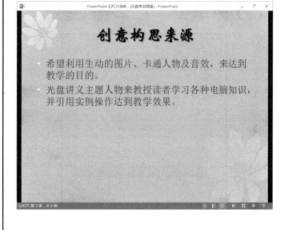

1.6　自定义工作环境

Office 2016 具有统一风格的界面，但为了方便用户操作，可以对软件的工作环境进行自定义设置，例如设置功能区和设置快速访问工具栏等，本节将以 Word 2016 为例介绍修改设置的操作。

1.6.1 自定义功能区

Word 2016 的功能区将所有选项功能巧妙地集中在一起，以便于用户查找与使用。根据用户需要，可以在功能区中添加新选项卡和新组，并增加新组中的按钮。

【例 1-2】在 Word 2016 中添加新选项卡、新组和新按钮。 视频

step 1 启动 Word 2016，在功能区任意位置右击，从弹出的快捷菜单中选择【自定义功能区】命令。

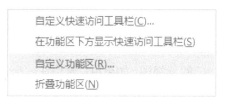

step 2 打开【Word 选项】对话框，打开【自定义功能区】选项卡，单击下方的【新建选项卡】按钮。

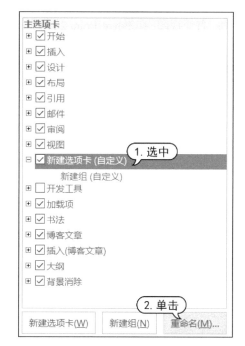

step 3 此时，在【自定义功能区】选项组的【主选项卡】列表框中显示【新建选项卡(自定义)】和【新建组(自定义)】选项，选中【新建选项卡(自定义)】选项，单击【重命名】按钮。

step 4 打开【重命名】对话框，在【显示名称】文本框中输入"新选项卡"，单击【确定】按钮。

step 5 在【自定义功能区】选项组的【主选项卡】列表框中选中【新建组(自定义)】选项，单击【重命名】按钮。

step 6 打开【重命名】对话框，在【符号】列表框中选择一种符号，在【显示名称】文本框中输入"运行"，然后单击【确定】按钮。

1.6.2 设置快速访问工具栏

快速访问工具栏中包含一组独立于当前所显示选项卡的命令，是一个可自定义的工具栏。用户可以快速地自定义常用的命令按钮，单击【自定义快速访问工具栏】下拉按钮，从弹出的下拉菜单中选择一种命令，即可将命令按钮添加到快速访问工具栏中。

step 7 返回【Word 选项】对话框，在【主选项卡】列表框中显示重命名后的选项卡和组，在【从下列位置选中命令】下拉列表框中选择【不在功能区中的命令】选项，并在下方的列表框中选择需要添加的按钮，这里选择【帮助】选项，单击【添加】按钮，即可将其添加到新建的【运行】组中，单击【确定】按钮，完成自定义设置。

【例 1-3】设置 Word 2016 的快速访问工具栏。

 视频

step 1 启动 Word 2016，在快速访问工具栏中单击【自定义快速访问工具栏】下拉按钮，在弹出的菜单中选择【打开】命令，将【打开】按钮添加到快速访问工具栏中。

step 8 返回 Word 2016 工作界面，此时显示【新选项卡】选项卡，打开该选项卡，即可看到【运行】组中的【Microsoft Word 帮助】按钮。

step 2 在快速访问工具栏中单击【自定义快速访问工具栏】下拉按钮，在弹出的菜单中选择【其他命令】命令，打开【Word 选项】对话框。打开【快速访问工具栏】选项卡，在【从下列位置选择命令】下拉列表框中选择【常用命令】选项，并且在下面的列表框中选择【格式刷】选项，然后单击【添加】按钮，

将【格式刷】按钮添加到【自定义快速访问工具栏】列表框中，单击【确定】按钮。

step 3 此时完成快速访问工具栏的设置，快速访问工具栏的效果如下图所示。

1.7 Office 2016 帮助系统

在使用 Office 2016 时，如果遇到难以弄懂的问题，这时可以求助 Office 2016 的帮助系统。它能够帮助用户解决使用中遇到的各种问题，加快用户掌握软件的进度。

1.7.1 使用帮助系统

Office 2016 的帮助功能已经融入每一个组件中，用户只需按 F1 键，即可打开帮助窗格。下面以 Word 2016 为例，讲解如何通过帮助系统获取帮助信息。

【例 1-4】使用 Word 2016 的帮助系统获取帮助信息。
📀 视频

step 1 启动 Word 2016 应用程序，打开一个名为"文档 1"的空白文档。

step 2 按 F1 键，打开帮助窗口，单击【更多…】链接。这里需要注意的是，使用 Word 帮助系统的前提是必须保证电脑连接网络。

step ③ 在帮助窗口显示【主要类别】选项，单击【入门】|【使用模板创建新文档】链接。

step ④ 此时，即可在【Word 2016 帮助】窗口的文本区域中显示有关使用模板创建新文档的相关内容。

step ⑤ 在【搜索添加】文本框中输入文本"保

存文档"，然后单击【搜索】按钮。

step ⑥ 搜索完毕后，在帮助文本区域将显示搜索结果。

step ⑦ 单击一个标题链接，即可打开页面查看其详细内容。

1.7.2　上网获得帮助

当电脑确保已经联网的情况下，用户还可以通过强大的网络搜寻到更多的 Office 2016 帮助信息，即通过 Internet 获得更多的技术支持。

首先打开帮助窗口，随便单击一个链接，帮助窗口有时会显示"需要协助"提示，单击【Office 帮助和培训网站】链接。

在打开的 Office 帮助网页中单击任意一条文字链接，就可以搜索到更多的信息。

1.8 案例演练

本章的案例演练部分是自定义工作界面这个实例操作，用户通过练习从而巩固本章所学知识。

【例 1-5】练习定制工作界面并创建模板文档。

📀 视频

step① 启动 Word 2016，单击【自定义快速访问工具栏】下拉按钮，选择【其他命令】命令。

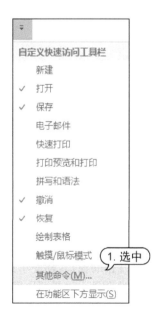

step② 打开【Word 选项】对话框中的【快速访问工具栏】选项卡，在【从下列位置选择命令】下拉列表中选择【常用命令】选项，在其下的列表框中选择【新建文件】选项，单击【添加】按钮，将其添加到右侧的【自定义快速访问工具栏】列表框中，单击【确定】按钮。

step③ 返回工作界面，查看快速访问工具栏中的按钮。

step④ 单击【文件】按钮,从弹出的【文件】菜单中选择【选项】命令。

step⑤ 打开【Word选项】对话框,打开【常规】选项卡,在【Office主题】后的下拉列表中选择【深灰色】选项,单击【确定】按钮。

step⑥ 此时返回工作界面,查看改变了主题后的界面。

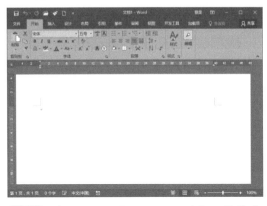

step⑦ 单击【文件】按钮,从弹出的菜单中选择【新建】命令,在模板中选择【中庸简历】选项。

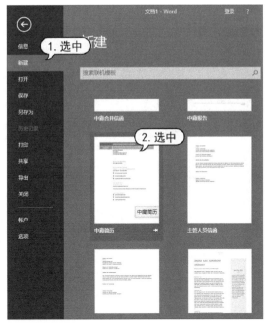

step⑧ 此时即可新建一个名为"文档2"的新文档,并自动套用所选择的【中庸简历】模板的样式。

step 9 单击【文件】按钮，从弹出的【文件】菜单中选择【另存为】命令，单击【浏览】按钮。

step 10 打开【另存为】对话框，选择文档的保存路径，在【文件名】文本框中输入名称，单击【保存】按钮。

。

第 2 章

使用 Windows 10 操作系统办公

在 Windows 10 中使用 Office 必须先了解操作系统的基础应用，在电脑办公领域里，各种数据信息都是以文件的形式通过文件夹分类保存在磁盘上。本章主要介绍有关 Windows 10 操作系统以及办公文件的管理内容。

 本章对应视频

2.1 认识 Windows 10 操作系统

操作系统是电脑运行的基础。本节将主要介绍 Windows 10 操作系统中一些基本的组成部分。

2.1.1 桌面

启动并登录 Windows 10 后，出现在整个屏幕的区域称为"桌面"，在 Windows 10 中大部分的操作都是通过桌面完成的。桌面主要由桌面图标、任务栏【开始】菜单等组成。

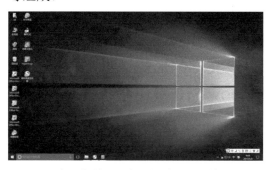

> 桌面图标：桌面图标就是整齐排列在桌面上的一系列图形，这些图形由图标和图标名称两部分组成。有的图标左下角有一个箭头，这些图标被称为"快捷方式"。双击桌面上的图标可以快速地打开相应的窗口或者启动相应的程序。

> 任务栏：任务栏是位于桌面下方的一个条形区域，它显示了系统正在运行的程序、打开的窗口和当前时间等内容。

> 【开始】菜单：【开始】按钮位于桌面的左下角，单击该按钮将弹出【开始】菜单。【开始】菜单是 Windows 操作系统中的重要元素，其中存放了操作系统或系统设置的绝大多数命令，而且还可以使用当前操作

系统中安装的所有程序，其中还包含了 Windows 10 特有的开始屏幕界面，可以自由添加程序磁贴图标。

2.1.2 【开始】菜单

【开始】菜单指的是单击任务栏中的【开始】按钮所打开的菜单。用户可以通过【开始】菜单访问硬盘上的文件或者运行安装好的程序。

【开始】菜单主要的构成元素作用如下。

> 常用程序列表：该列表列出了最近添加或常用的程序快捷方式，默认按照程序名称首字母排序。

> 电源等便捷按钮：在菜单左侧默认有几组按钮，分别是【账户】【设置】【电源】按钮等。用户可以单击按钮进行相关方面的设置。

▶ 开始屏幕：Windows 10 将 Windows 8 的开始屏幕收入其中，可以动态呈现更多信息，支持尺寸可调，不但可以取消所有的固定磁贴，让 Windows 10 开始菜单回归最简，而且还能将开始菜单设置为全屏(不同于平板模式)。

如果要启动一个程序，可以在【开始】菜单中寻找这个程序，比如 Word 2016，单击它即可执行该程序。

2.1.3　任务栏

任务栏是位于桌面下方的一个条形区域，它显示了系统正在运行的程序、打开的窗口和当前时间等内容。

任务栏最左边的立体按钮是【开始】菜单按钮，右边依次是 Cortana，快速启动栏、通知区域、语言栏、显示桌面等按钮。其各自的功能如下。

▶ Cortana：Cortana(中文名称是"小娜")是微软专门打造的个人智能助理。小娜可以提供本地文件、文件夹、系统功能的快速搜索。直接在搜索框中输入名称，小娜会将符合条件的应用自动放到顶端，选择程序即可启动。此外还可以使用麦克风和小娜对话，其可以提供多项日常办公服务。

▶ 快速启动栏：用户若单击该栏中的某个图标，可快速地启动相应的应用程序，例如单击▣按钮，可启动文件资源管理器。

▶ 正在启动的程序区：该区域显示当前正在运行的所有程序，其中的每个按钮都

代表了一个已经打开的窗口，单击这些按钮即可在不同的窗口之间进行切换。

> 任务视图按钮：单击该按钮可以将正在执行的程序全部小窗口平铺显示在桌面上，还可以通过最右侧的【新建桌面】按钮建立新桌面。

> 通知区域：该区域显示系统当前的时间和在后台运行的某些程序。单击【显示隐藏的图标】按钮，可查看当前正在运行的程序。

> 语言栏：该栏用来显示系统中当前正在使用的输入法和语言。

> 时间区域、显示桌面按钮：时间区域在任务栏的最右侧，用来显示和设置时

间；单击显示桌面按钮，将快速最小化所有窗口程序，显示桌面。

2.1.4　窗口

"窗口"是屏幕上显示出来的，与一个应用程序相对应的矩形区域。屏幕中显示出窗口，表示该窗口对应的应用程序正在运行中。它相当于桌面上的一个工作区域。用户可以在窗口中对文件、文件夹或者某个程序进行操作。

双击桌面上的【此电脑】图标，打开的窗口就是 Windows 10 系统下的一个标准窗口，窗口主要由标题栏、地址栏、搜索栏、工具栏、窗口工作区等元素组成。

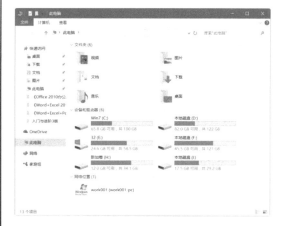

> 标题栏：标题栏位于窗口的最顶端，标题栏最右端显示【最小化】【最大化/还原】【关闭】3 个按钮。左侧显示快速访问工具栏。通常情况下，用户可以通过标题栏来进行移动窗口、改变窗口的大小和关闭窗口等操作。

> 【文件】按钮：在标题栏下是【文件】按钮，单击弹出下拉菜单，提供【打开新窗口】等命令。

> ➤ 地址栏：用于显示和输入当前浏览位置的详细路径信息，Windows 10 的地址栏提供按钮功能，单击地址栏文件夹后的"〉"按钮，弹出一个下拉菜单，里面列出了该文件夹下级的其他文件夹，在菜单中选择相应的路径便可跳转到对应的文件夹。

> ➤ 窗口工作区：用于显示主要的内容，如多个不同的文件夹、磁盘驱动器等。它是窗口中最主要的部分。

> ➤ 状态栏：位于窗口的最底部，用于显示当前操作的状态及提示信息，或当前用户选定对象的详细信息。

1. 窗口的预览和切换

用户打开多个窗口并可以在这些窗口之间进行切换预览，Windows 10 操作系统提供了多种方式让用户快捷方便地切换预览窗口。

> ➤ 搜索栏：Windows 10 窗口右上角的搜索栏具有在电脑中搜索各种文件的功能。搜索时，地址栏中显示搜索进度情况。

搜索"此电脑"

> ➤ 导航窗格：导航窗格位于窗口左侧的位置，它给用户提供了树状结构文件夹列表，从而方便用户迅速地定位所需的目标。窗格从上到下分为不同的类别，通过单击每个类别前的箭头，可以展开或者合并。

> ➤ Alt+Tab 键预览窗口：在按下 Alt+Tab 键后，用户会发现切换面板中会显示当前打开的窗口的缩略图，并且除了当前选定的窗口外，其余的窗口都呈现透明状态。按住 Alt 键不放，再按 Tab 键或滚动鼠标滚轮就可以在现有窗口缩略图中切换。

> Win+Tab 键切换窗口：当用户按下 Win+Tab 键切换窗口时，可以看到切换效果和使用任务视图按钮 📑 效果一样。按住 Win 键不放，再按 Tab 键或滚动鼠标滚轮来切换各个窗口。

> 通过任务栏图标预览窗口：当用户将鼠标指针移至任务栏中的某个程序的按钮时，在该按钮的上方会显示与该程序相关的所有打开的窗口的预览窗口，单击其中的某一个预览窗口，即可切换至该窗口。

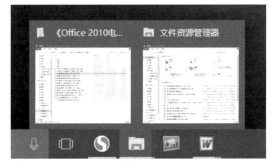

2. 调整窗口大小

在 Windows 10 中，用户可以通过 Windows 窗口右上角的最小化、最大化和还原按钮来调整窗口的形状。用户还可以通过对窗口的拖动来控制窗口的位置和形状。

【例 2-1】移动并缩放桌面上打开的【此电脑】窗口。
🎬视频

step ① 双击桌面上的【此电脑】图标，打开【此电脑】窗口，将鼠标指针放置在窗口顶部的标题栏上。

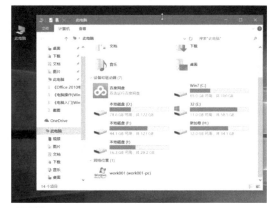

step ② 按住鼠标左键不放，然后拖动鼠标即可移动【此电脑】窗口。

step ③ 如果用户要缩放【此电脑】窗口的大小，将鼠标指针置于窗口的边框或边角位置，然后按住鼠标左键拖动即可。

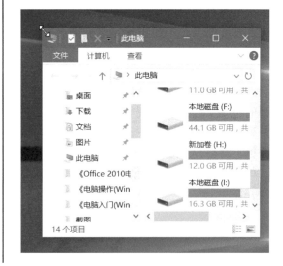

3. 排列窗口

在 Windows 10 操作系统中，提供了层叠窗口、堆叠显示窗口和并排显示窗口 3 种窗口排列方法，通过多窗口排列可以使窗口排列更加整齐。

例如打开多个应用程序的窗口，然后在任务栏的空白处右击鼠标，在弹出的快捷菜单中选择【层叠窗口】命令。

此时打开的所有窗口(最小化的窗口除外)将会以层叠的方式在桌面上显示。

2.1.5　对话框

对话框是 Windows 操作系统里的次要窗口，包含按钮和命令，通过它们可以完成特定命令和任务。对话框和窗口的最大区别就是没有最大化和最小化按钮，一般不能改变其形状大小。

Windows 10 中的对话框多种多样，一般来说，对话框中的可操作元素主要包括命令按钮、选项卡、单选按钮、复选框、文本框、下拉列表框和数值框等，但并不是所有的对话框都包含以上所有的元素。

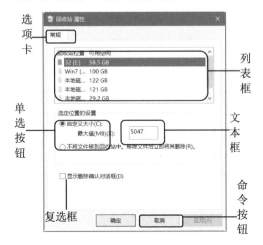

对话框各组成元素的作用如下。

➢ 选项卡：对话框内一般有多个选项卡，选择不同的选项卡可以切换到相应的设置界面。

➢ 列表框：列表框在对话框里以矩形框形状显示，里面列出多个选项供用户选择。有时会以下拉列表框的形式显示。

➢ 单选按钮：单选按钮是一些互相排斥的选项，每次只能选择其中的一个项目，被选中的圆圈中将会有个黑点。

➢ 复选框：复选框中所列出的各个选项是不互相排斥的，用户可根据需要选择其中的一个或几个选项。当选中某个复选框时，框内出现一个"√"标记，一个复选框代表一个可以打开或关闭的选项。在空白选择框上单击便可选中它，再次单击这个选择框便可取消选择。

➢ 文本框：文本框主要用来接收用户输入的信息，以便正确地完成对话框的操作。

➢ 数值框：数值框用于输入或选中一个数值。它由文本框和微调按钮组成。在微调框中，单击上三角的微调按钮，可增加数值；单击下三角的微调按钮，可减少数值；也可以在文本框中直接输入需要的数值。

> 下拉列表框：下拉列表框是一个带有下拉按钮的文本框，用来在多个项目中选择一个，选中的项目将在下拉列表框内显示。当单击下拉列表框右边的下三角按钮时，将出现一个下拉列表供用户选择。

2.1.6 菜单

菜单是应用程序中命令的集合，一般都位于窗口的菜单栏里，菜单栏通常由多个菜单组成，每个菜单又包含若干个命令。要打开菜单，用鼠标单击需要执行的菜单选项即可。

一般来说，菜单中的命令包含以下几种。

> 可执行命令和暂时不可执行命令：菜单中可以执行的命令以黑色字符显示，暂时不可执行的命令以灰色字符显示，当满足相应的条件时，暂时不可执行的命令才能变为可执行命令，灰色字符也会变为黑色字符。

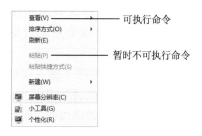

> 快捷键命令：有些命令的右边有快捷键，用户使用这些快捷键，可以快速地执行相应的菜单命令。

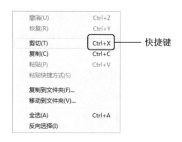

> 带大写字母的命令：菜单命令中有许多命令的后面都有一个括号，括号中有一个大写字母(为该命令英文第一个字母)。当菜单处于激活状态时，在键盘上键入相应字母，可执行该命令。

> 带省略号的命令：命令的后面有省略号"…"，表示选择此命令后，将弹出一个对话框或者一个设置向导，这种命令表示可以完成一些设置或者更多的操作。

> 单选命令：有些菜单命令中，有一组命令每次只能有一个命令被选中，当前选中的命令左边出现一个单选标记"•"。选择该组的其他命令，标记"•"出现在选中命令的左边，原先命令前面的标记"•"将消失，这类命令称之为单选命令。

> 复选命令：有些菜单命令中，选择某个命令后，该命令的左边出现一个复选标记"√"，表示此命令正在发挥作用；再次选择该命令，命令左边的标记"√"消失，表示该命令不起作用，这类命令称之为复选命令。

> 子菜单命令：有些菜单命令的右边有一个向右箭头，则光标指向此命令后，会弹出一个下级子菜单，子菜单通常给出某一类选项或命令，有时是一组应用程序。

2.2　设置系统办公环境

在使用 Windows 10 进行电脑办公时，用户可根据自己的习惯和喜好为系统设置一个个性化的办公环境。

2.2.1　设置桌面背景

启动 Windows 10 操作系统后，桌面背景采用的是系统安装时默认的设置，用户可以根据自己的喜好更换桌面背景。

【例2-2】更换桌面背景。　视频

step① 启动 Windows 10 系统后，右击桌面空白处，在弹出的快捷菜单中选择【个性化】命令。

step② 打开【设置】窗口，在【选择图片】区域中选择一张图片。

实用技巧

单击【浏览】按钮，会打开【打开】对话框，可以选择电脑中的本地图片设置为桌面背景。

step③ 此时桌面背景已经改变，效果如下图所示。

2.2.2　设置屏幕保护程序

屏幕保护程序是指在一定时间内没有使用鼠标或键盘进行任何操作而在屏幕上显示的画面。设置屏幕保护程序可以对显示器起到保护作用，使显示器处于节能状态。

【例2-3】设置屏幕保护程序。　视频

step① 在桌面空白处右击，在弹出的快捷菜单中选择【个性化】命令，打开【设置】窗口。

step② 选择【锁屏界面】选项卡，单击【屏幕保护程序设置】链接。

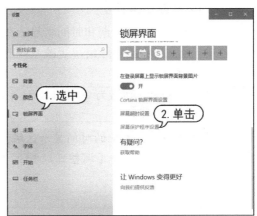

step③ 打开【屏幕保护程序设置】对话框，在【屏幕保护程序】下拉列表中选择【3D文字】选项。在【等待】微调框中设置时间为1分钟，设置完成后，单击【确定】按钮。

step⑤ 当屏幕静止时间超过设定的等待时间时(鼠标键盘均没有任何动作)，系统即可自动启动屏幕保护程序。

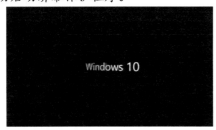

2.2.3 设置系统时间

默认情况下，系统日期和时间将显示在任务栏中，用户可根据实际情况更改系统的日期和时间设置。

【例 2-4】将系统的时间更改为 2019 年 5 月 4 日 0：00：00。 视频

step① 右击任务栏最右侧的时间显示区域，在弹出的快捷菜单中选择【调整日期/时间】命令。

step② 在打开的窗口中单击【其他日期、时间和区域设置】链接。

step③ 在打开的窗口中单击【设置时间和日期】链接。

step④ 打开【日期和时间】对话框，单击【更改日期和时间】按钮。

step 5 打开【日期和时间设置】对话框,在日期选项区域设置系统的日期为 2019 年 5 月 4 日,在时间文本框中设置时间为"0:00:00",单击【确定】按钮。

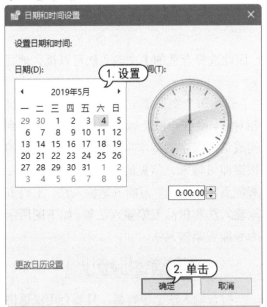

step 6 返回【日期和时间】对话框,再次单击【确定】按钮,完成日期和时间的更改。

2.2.4 设置显示器参数

显示器的参数设置主要包括更改显示

器的分辨率和刷新频率。显示分辨率是指显示器所能显示的像素点的数量,显示器可显示的像素点数越多,画面就越清晰,屏幕区域内能够显示的信息也就越多。设置刷新频率主要是为了防止屏幕出现闪烁现象。如果刷新频率设置过低会对眼睛造成伤害。

【例 2-5】设置屏幕的显示分辨率为 1024×768,刷新频率为 75 赫兹。 视频

step 1 在桌面空白处右击,在弹出的快捷菜单中选择【显示设置】命令,打开【设置】窗口。

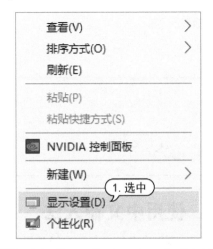

step 2 选择【显示】选项卡,在【分辨率】下拉列表中选择【1024×768】选项。

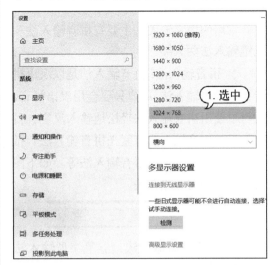

step 3 在该选项卡中单击【高级显示设置】链接。

step 4 在打开的窗口中，单击【显示器 1 的显示适配器属性】链接。

step 5 打开显卡的属性对话框的【监视器】选项卡，在【屏幕刷新频率】下拉列表中选择【75 赫兹】选项，单击【确定】按钮。

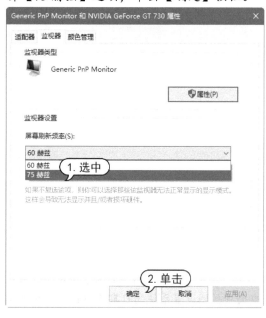

2.3 使用中文输入法

在日常办公事务中，用户经常需要输入中文，因此选择合适的中文输入法可以极大地提高用户的办公效率。

2.3.1 中文输入法分类

常用的中文输入法主要有拼音输入法和五笔输入法两大类。

▶ 拼音输入法：拼音输入法是以汉语拼音为基础的输入法，用户只要会用汉语拼音，就可以使用拼音输入法轻松地输入汉字。目前常见的拼音输入法有紫光拼音输入法、微软拼音输入法和搜狗拼音输入法等。如下图所示为搜狗拼音输入法。

▶ 五笔字型输入法：五笔字型输入法是一种以汉字的构字结构为基础的输入法。它将汉字拆分成为一些基本结构，并称其为"字根"，每个字根都与键盘上的某个字母键相对应。要在电脑上输入汉字，就要先找到构成这个汉字的基本字根，然后按下相应的按键即可输入。常见的五笔字型输入法有：智能五笔输入法、万能五笔输入法、王码五笔输入法和极品五笔输入法等。如下图所示为智能五笔输入法。

拼音输入法上手容易，只要会用汉语拼音，就能使用拼音输入法输入汉字，但是由于汉字的同音字比较多，因此使用拼音输入法输入汉字时，重码率会比较高，而五笔字型输入法是根据汉字结构来输入的，因此重码率比较低，输入汉字比较快，但五笔输入法一般为专业打字工作者使用，并不太适合新手用户使用。

2.3.2　添加输入法

Windows 系统中自带了多种输入法，在安装系统后自动显示在输入法列表中，用户可以自行添加合适的输入法。

通常情况下，用户可以通过控制面板来添加输入法。

【例2-6】添加输入法。 视频

step① 右击【开始】菜单按钮，在弹出菜单中选择【设置】选项。

step② 打开【设置】窗口，单击【时间和语言】按钮。

step③ 打开窗口，选中【区域和语言】选项卡，在【添加语言】选项下单击【中文(中华人民共和国)】按钮。

step④ 在打开的窗口中单击【选项】按钮。

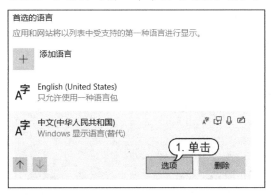

step⑤ 打开【输入法】窗口，在【添加输入法】下拉列表中选择【微软拼音】选项。

step⑥ 返回窗口，显示添加了微软拼音输入法。

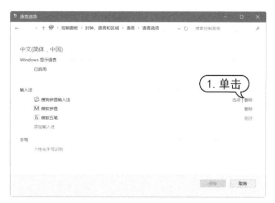

他输入法全部删除，可以减少切换输入法的时间。

例如要删除搜狗拼音输入法，只需依循前面的方法，打开【语言选项】窗口，在【输入法】组里的【搜狗拼音输入法】选项后单击【删除】按钮即可。

step 7 在任务栏中单击输入法指示图标，在弹出菜单中显示新添加的微软拼音输入法。

2.3.3 切换和删除输入法

在 Windows 10 操作系统中，默认状态下，用户可以使用 Ctrl+空格键在中文输入法和英文输入法之间进行切换，使用 Ctrl+Shift 组合键来切换输入法。Ctrl+Shift 组合键采用循环切换的形式，在各个输入法和英文输入方式之间依次进行转换。

选择中文输入法也可以通过单击任务栏上的输入法指示图标来完成，这种方法比较直接。在 Windows 桌面的任务栏中，单击代表输入法的图标，在弹出的输入法列表中单击要使用的输入法即可。

用户如果习惯使用某种输入法，可将其

2.3.4 使用微软拼音输入法

微软拼音输入法是 Windows 10 系统默认的汉字输入法，它采用基于语句的整句转换方式，用户可以连续输入整句话的拼音，而不必人工分词和挑选候选词语，这样大大提高了输入的效率。

【例 2-7】 使用微软拼音输入法在新建文本文档里输入文字。 视频

step 1 在桌面空白处单击鼠标右键，从弹出的快捷菜单中选择【新建】|【文本文档】命令，桌面会上出现【新建文本文档】图标。

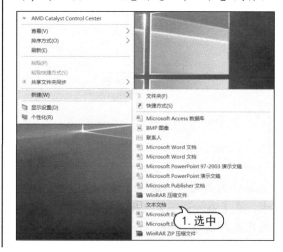

step ② 双击该图标，打开该文档，将光标定位于文档中，然后单击任务栏中的输入法图标，选择【微软拼音】选项。

step ③ 按 Shift 键，切换为英文输入，输入"Office 2016"(使用 Tab 键切换英文大小写)。

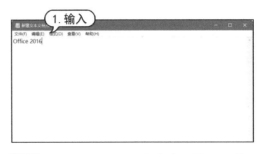

step ④ 按 Shift 键，切换为中文输入，输入"办公案例应用教程"。

知识点滴

此外，第三方软件搜狗拼音输入法是目前主流的拼音输入法之一。它采用了搜索引擎技术，与传统输入法相比，输入速度有了质的飞跃，在词语的准确度上，都远远领先于其他输入法。

2.4 管理文件和文件夹

要想把电脑中的办公资源管理得井然有序，首先要掌握文件和文件夹的基本操作方法，主要包括新建文件和文件夹，文件和文件夹的选择、移动、复制、删除等。

2.4.1 认识文件和文件夹

文件是储存在电脑磁盘内的一系列数据的集合，而文件夹则是文件的集合，用来存放单个或多个文件。

1. 文件

文件是 Windows 中最基本的存储单位，它包含文本、图像及数值数据等信息。不同的信息种类保存在不同的文件类型中。通常，文件类型是用文件的扩展名来区分的，根据保存的信息和保存方式的不同，将文件分为不同的类型，并在电脑中以不同的图标显示。

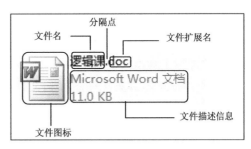

文件的各组成部分作用如下。

➢ 文件名：标识当前文件的名称，用户可以根据需求来自定义文件的名称。

➢ 文件扩展名：标识当前文件的系统格式，如上图所示的文件扩展名为 doc，表示这个文件是 Word 文档文件。

➢ 分隔点：用来分隔文件名和文件扩展名。

> 文件图标：用图例表示当前文件的类型，是由系统中相应的应用程序关联建立的。

> 文件描述信息：用来显示当前文件的大小和类型等系统信息。

文件的命名规则如下。

> 在文件或文件夹名字中，用户最多可使用 255 个字符。

> 用户可使用多个间隔符(.)的扩展名，例如 report.lj.oct98。

> 名字可以有空格但不能有字符\ /:* ?" <> | 等。

> Windows 保留文件名的大小写格式，但不能利用大小写区分文件名。例如，README.TXT 和 readme.txt 被认为是同一文件名字。

> 当搜索和显示文件时，用户可使用通配符(?和*)。其中，问号(?)代表一个任意字符，星号(*)代表一系列字符。

2. 文件夹

为了便于管理文件，在 Windows 系列操作系统中引入了文件夹的概念。简单地说，文件夹就是文件的集合。如果电脑中的文件过多，则会显得杂乱无章，要想查找某个文件也不太方便，这时用户可将相似类型的文件整理起来，统一地放置在一个文件夹中，这样不仅可以方便用户查找文件，而且还能有效地管理好电脑中的资源。

文件夹的外观由文件夹图标和文件夹名称组成，如下图所示。

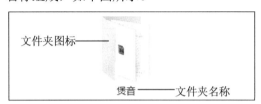

文件和文件夹都存放在电脑的磁盘里，文件夹可以包含文件和子文件夹，子文件夹内又可以包含文件和子文件夹，以此类推，即可形成文件和文件夹的树形关系。

知识点滴

路径指的是文件或文件夹在电脑中存储的位置，当打开某个文件夹时，在地址栏中即可看到进入的文件夹的层次结构。由文件夹的层次结构可以得到文件夹的路径。路径的结构一般包括磁盘名称、文件夹名称和文件名称，它们之间用"\"隔开。

2.4.2 创建文件和文件夹

在 Windows 中可以采取多种方法来方便地创建文件和文件夹，在文件夹中还可以创建子文件夹。

要创建文件或文件夹，可在任何想要创建文件或文件夹的地方右击，在弹出的快捷菜单中选择【新建】|【文件夹】命令或其他文件类型命令。

用户也可以通过在快速访问工具栏中单击【新建文件夹】按钮，创建文件夹。

要重命名文件或文件夹很简单，只需右击文件或文件夹，在弹出的快捷菜单中选择【重命名】命令，进入名称可编辑状态，然后修改文件名或文件夹名。

2.4.3 选择文件和文件夹

要对文件或文件夹进行操作,首先要选定文件或文件夹。为了便于用户快速选择文件和文件夹,Windows 系统提供了多种文件和文件夹的选择方法。

➤ 选择单个文件或文件夹:用鼠标左键单击文件或文件夹图标即可将其选择。

➤ 选择多个不相邻的文件和文件夹:选择第一个文件或文件夹后,按住 Ctrl 键,逐一单击要选择的文件或文件夹。

➤ 选择所有的文件或文件夹:按 Ctrl+A 组合键即可选中当前窗口中所有的文件或文件夹。

➤ 选择某一区域的文件和文件夹:在需选择的文件或文件夹起始位置处按住鼠标左键进行拖动,此时在窗口中出现一个蓝色的矩形框,当该矩形框包含了需要选择的文件或文件夹后松开鼠标,即可完成选择。

2.4.4 复制文件和文件夹

复制文件和文件夹是为了将一些比较重要的文件和文件夹加以备份,也就是将文件或文件夹复制一份到硬盘的其他位置上,使文件或文件夹更加安全,以免发生意外的丢失情况,而造成不必要的损失。

【例 2-8】将桌面上的"作文"文档复制到 D 盘下的"备份"文件夹中。 📹视频

step 1 右击桌面上的"作文"文档,在弹出的快捷菜单中选择【复制】命令。

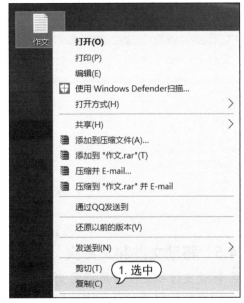

step 2 打开【此电脑】窗口,双击【本地磁盘(D:)】盘符,打开 D 盘,双击"备份"文件夹。

step 3 在打开的文件夹里右击鼠标,在弹出的快捷菜单中选择【粘贴】命令。

step ④ 此时"作文"文档被复制到"备份"文件夹中。

2.4.5 移动文件和文件夹

移动文件和文件夹是指将文件和文件夹从原来的位置移动至其他的位置，移动的同时，会删除原来位置下的文件和文件夹。在 Windows 系统中，用户可以使用鼠标拖动的方法，或者右键快捷菜单中的【剪切】和【粘贴】命令，对文件或文件夹进行移动操作。

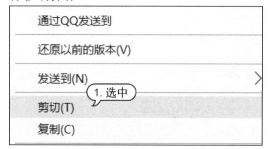

在复制或移动文件时，如果目标位置有相同类型并且名字相同的文件，系统会发出

提示，用户可在弹出的对话框中选择【替换目标中的文件】【跳过该文件】或者【比较两个文件的信息】3 个选项。

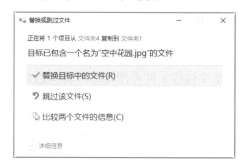

另外，用户还可以使用鼠标拖动的方法，移动文件或文件夹。例如，用户可将 D 盘"工作笔记"文件拖动至"文档"文件夹中。

要在不同的磁盘之间或文件夹之间执行拖动操作，可同时打开两个窗口，然后将文件从一个窗口拖动至另一个窗口。

🖱 实用技巧

将文件和文件夹在不同磁盘分区之间进行拖动时，Windows 的默认操作是复制。在同一分区中拖动时，Windows 的默认操作是移动。如果要在同一分区中从一个文件夹复制对象到另一个文件夹，必须在拖动时按住 Ctrl 键，否则将会移动文件。同样，若要在不同的磁盘分区之间移动文件，必须要在拖动的同时按下 Shift 键。

2.4.6 删除文件和文件夹

为了保持电脑中文件系统的整洁、有条理，同时也为了节省磁盘空间，用户经常需要删除一些已经没有用的或损坏的文件和文件夹。要删除文件或文件夹，可以执行下列操作之一。

▶ 选中想要删除的文件或文件夹，然后按键盘上的 Delete 键。

▶ 右击要删除的文件或文件夹，然后在弹出的快捷菜单中选择【删除】命令。

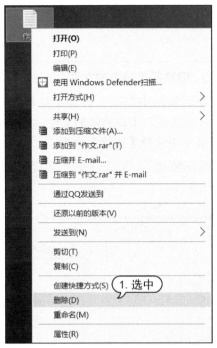

▶ 用鼠标将要删除的文件或文件夹直接拖动到桌面的【回收站】图标上。

▶ 选中想要删除的文件或文件夹，单击快速访问工具栏中的【删除】按钮■。

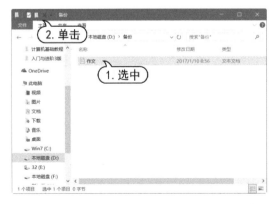

2.4.7　更改只读属性

文件和文件夹的只读属性表示用户只能对文件或文件夹的内容进行查看访问而无法进行修改。一旦文件和文件夹被赋予了只读属性，就可以防止用户误操作删除或损坏该文件或文件夹。

【例 2-9】设置"备份"文件夹为只读文件夹。

🎬 视频

step 1 打开窗口，右击"备份"文件夹，在弹出的快捷菜单中选择【属性】命令。

step 2 打开【备份属性】对话框，在【常规】选项卡的【属性】栏里选中【只读】复选框，单击【确定】按钮。

😊 实用技巧

如果用户想取消文件和文件夹的只读属性，步骤和设置只读属性一样，只需取消选中【属性】对话框中的【只读】复选框即可。

step ③ 如果文件夹内有文件或子文件夹,还会打开【确认属性更改】对话框,选中【将更改应用于此文件夹、子文件夹和文件】单选按钮,然后单击【确定】按钮。

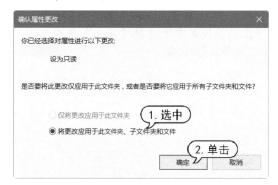

2.4.8 使用回收站

回收站是 Windows 10 系统用来存储被删除文件的场所。用户可以根据需要,选择将回收站中的文件彻底删除或者恢复到原来的位置,这样可以保证数据的安全性和可恢复性。

1. 还原回收站文件

从回收站中还原文件或文件夹有以下两种方法。

➤ 在【回收站】窗口中右击要还原的文件或文件夹,在弹出的快捷菜单中选择【还原】命令,这样即可将该文件或文件夹还原到被删除之前的磁盘位置。

➤ 直接单击回收站窗口中工具栏上的【管理】|【还原所有项目】按钮。

2. 删除回收站中的文件

在回收站中删除文件和文件夹是永久删除,方法是右击要删除的文件,在弹出的快捷菜单中选择【删除】命令。

接着会打开提示对话框,单击【是】按钮,即可将该文件永久删除。

3. 清空回收站

清空回收站即是将回收站里的所有文件和文件夹全部永久删除,此时用户就不必去选择要删除的文件,直接右击桌面上的【回收站】图标,在弹出的快捷菜单中选择【清空回收站】命令。

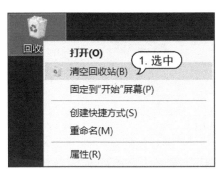

此时也会打开提示对话框，单击【是】按钮即可清空回收站，清空后回收站里就没有文件了。

回收站的属性设置也很简单，用户只需右击桌面上的回收站图标，在弹出的快捷菜单中选择【属性】命令，打开【回收站 属性】对话框，用户可以在该对话框中设置相关属性。

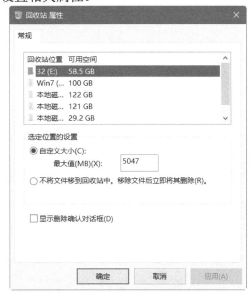

2.5　常用的办公硬件外设

电脑的外部设备(外设)能够使电脑实现更多的功能，常见的办公用的外部设备一般包括打印机、传真机、移动存储设备等。

2.5.1　打印机

打印机是电脑经常使用的外部设备，属于基本输出设备。其作用是将电脑的文本、图像等信息输出并打印在纸张和胶片等介质上，以便用户传递和使用信息内容。目前家庭与办公最常用的是喷墨打印机和激光打印机。

首先连接打印机硬件，打印机连接数据线缆的两头存在着明显的差异，其中一头是

卡槽，另一头是螺丝或旋钮。将卡槽一头接到打印机后，带有螺丝或者旋钮的一头接到电脑上。电脑机箱背面并行端口通常使用打印机图标标明，将电缆的接头接到并行端口上，拧紧螺丝或旋钮将插头固定即可。将打印机电源插头插到电源上,完成以上操作后,打开打印机电源。

如果是添加网络打印机，首先打开【控制面板】窗口，单击【查看设备和打印机】链接。

打开【设备和打印机】窗口，单击【添加打印机】按钮。

选择网络上有打印机的电脑，如"QHWK"电脑选项，单击【选择】按钮。

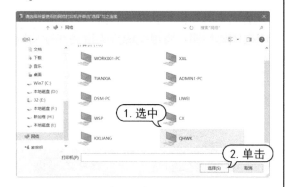

选择该打印机，单击【选择】按钮，然后在打开的对话框中单击【下一步】按钮。

此时安装打印机程序后，单击【下一步】按钮。

此时添加打印机成功，单击【完成】按钮即可完成设置。

此时在【设备和打印机】窗口中，可以看到新添加的默认打印机。

2.5.2 传真机

传真机在日常办公事务中发挥着非常重要的作用，因其可以不受地域限制发送信号，且具有传送速度快、接收的副本质量好、准确性高等特点，已成为众多企业传递信息的重要工具之一。

传真机通常具有普通电话机的功能，但其操作比电话机复杂一些。不同传真机的外观与结构各不相同，但一般都包括操作面板、显示屏、话筒、纸张入口和纸张出口等组成部分。

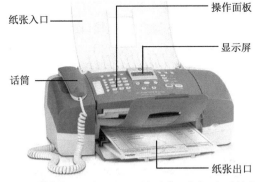

其中，操作面板是传真机最为重要的部分，它包括数字键、【免提】键、【应答】键和【重拨/暂停】键等，另外还包括【自动/手动】键、【功能】键和【设置】键等按键，以及一些工作状态指示灯。

1. 发送传真

在连接好传真机之后，就可以使用传真机传递信息了。

发送传真的方法很简单，先将传真机的导纸器调整到需要发送的文件的宽度，再将要发送的文件的正面朝下放入纸张入口中，在发送时，应把先发送的文件放置在最下面。然后拨打接收方的传真号码，要求对方传输一个信号，当听到接收方传真机传来的传输信号(一般是"嘟"声)时，按【开始】键即可进行文件的传输。

2. 接收传真

接收传真的方式有两种：自动接收和手动接收。

▶ 设置为自动接收模式时，用户无法通过传真机进行通话，当传真机检查到其他用户发来的传真信号后，便会开始自动接收。

▶ 设置为手动接收模式时，传真的来电铃声和电话铃声一样，用户需手动操作来接收传真。手动接收传真的方法为：当听到传真机铃声响起时拿起话筒，根据对方要求，按【开始】键接收信号。当对方发送传真数据后，传真机将自动接收传真文件。

2.5.3 扫描仪

扫描仪是一种光机电一体化高科技产品，是一种输入设备，它可以将图片、照片、胶片以及文稿资料等书面材料或实物的外观扫描后输入到电脑当中并以图片文件格式保存起来。扫描仪主要分为平板式扫描仪和手持式扫描仪两种。

使用扫描仪前首先要将其正确连接至电脑，并安装驱动程序。扫描仪的硬件连接方法与其他办公设备的连接方法类似，只需将扫描仪的 USB 接口插入电脑的 USB 接口中即可。扫描仪连接完成后，一般来说还要为其安装驱动程序，驱动程序安装完成后，就可以使用扫描仪来扫描文件了。

扫描文件需要软件支持，一些常用的图形图像软件都支持使用扫描仪，例如 Microsoft Office 工具的 Microsoft Office Document Imaging 程序，可以在【开始】菜单中启动该程序。

扫描仪与电脑连接后，需要把扫描仪的电源线接好，如果这时接通电脑，扫描仪会先进行自动测试。测试成功后，扫描仪上面的 LCD 指示灯将保持绿色状态，表示扫描仪已经准备好可以开始使用。

2.5.4　移动存储设备

移动存储设备指的是便携式的数据存储装置，此类设备带有存储介质且自身具有读写介质的功能。移动存储设备主要有移动硬盘、U 盘(闪存盘)和各种记忆卡(存储卡)等。其最大的优点就是体积比较小、便于携带，可以在没有任何网络连接的情况下，将一台电脑中的文件复制到另一台电脑中。

U 盘和移动硬盘与电脑通过 USB 接口进行连接，记忆卡用读卡器装载后，也可通过 USB 接口连接电脑。

将 U 盘与电脑的 USB 接口连接后，在任务栏的通知区域里会显示 USB 设备图标，右击该图标，在弹出的菜单中选择【打开设备和打印机】命令。

在打开的【设备和打印机】窗口中右击 USB DISK 图标，然后在弹出的菜单中选中

【浏 览 文 件 】 | USB DISK(此 处 为 "TOSHIBA(J:)")命令。

在打开的窗口中，将显示 U 盘中的文件列表，用户可以在该窗口中对 U 盘执行复制、粘贴、删除等操作。

U 盘使用完以后，右击任务栏通知区域中的 USB 设备图标，在弹出的菜单中选择【弹出 USB DISK】命令即可从电脑中取下 U 盘。

2.6 案例演练

本章的案例演练部分是更改桌面图标等几个实例操作，用户通过练习从而巩固本章所学知识。

2.6.1 更改桌面图标

【例 2-10】在 Windows 10 桌面上更改【网络】图标的样式。 视频

step 1 在桌面空白处右击，在弹出的快捷菜单中选择【个性化】命令。

step 2 打开【设置】窗口，选择【主题】选项卡，在【相关的设置】区域里单击【桌面图标设置】链接。

step ③ 打开【桌面图标设置】对话框,选中【网络】图标,然后单击【更改图标】按钮。

step ④ 打开【更改图标】对话框,选中一个想要使用的图标,然后单击【确定】按钮。

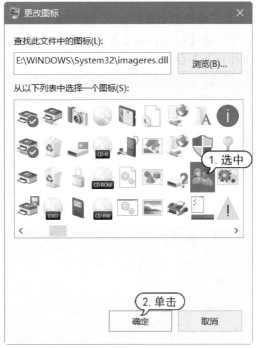

step ⑤ 返回【桌面图标设置】对话框,单击【确定】按钮。

step ⑥ 返回桌面,此时【网络】图标已经发生更改。

2.6.2 更改鼠标外形

【例2-11】更改鼠标指针的形状。 🔘 视频

step ① 在桌面空白处右击,在弹出的快捷菜单中选择【个性化】命令。

step ② 打开【设置】窗口,选择【主题】选项卡,在其中单击【鼠标光标】按钮。

step 3 打开【鼠标 属性】对话框，选择【指针】选项卡，在【方案】下拉列表框内选择【Windows 反转(特大)(系统方案)】选项，鼠标即变为该样式。

step 4 在【自定义】列表中选中【正常选择】选项，然后单击【浏览】按钮。

step 5 打开【浏览】对话框，在该对话框中选择一种笔样式，然后单击【打开】按钮。

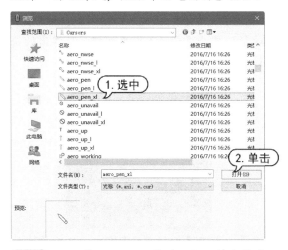

step 6 返回【鼠标 属性】对话框，单击【确定】按钮。

step 7 此时的鼠标样式改变成笔，尺寸也变得更大。

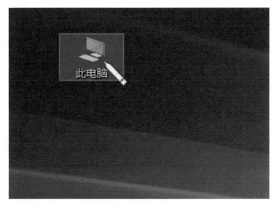

2.6.3 设置声音效果

【例 2-12】设置 Windows 10 系统声音效果。
🔘视频

step 1 右击【开始】菜单按钮，在弹出的快捷菜单中选择【控制面板】命令。

step 2 打开【控制面板】窗口，然后单击该窗口中的【硬件和声音】链接。

step 3 打开【硬件和声音】窗口，单击【更改系统声音】链接。

step 4 打开【声音】对话框，选择【播放】选项卡的【扬声器】选项，单击【属性】按钮。

step 5 打开【扬声器 属性】对话框，选择【增强】选项卡，选中需要的音量增强效果前面的复选框。这里选中【均衡器】复选框，然后在【声音效果属性】的【设置】下拉列表中选择【爵士乐】选项，最后单击【确定】按钮完成设置。

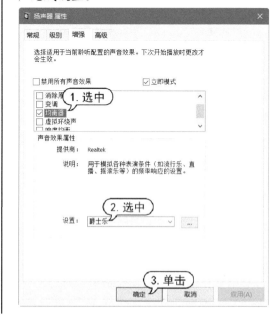

第3章

Word 2016 办公基础

　　Word 2016 是 Office 2016 系列组件中专业的文字处理软件，可以方便地进行文字、图形、图像和数据处理，是最常用的文档处理软件之一，本章将主要介绍 Word 2016 的基础操作知识。

 **本章对应视频**

3.1 Word 文档基本操作

在使用 Word 2016 创建文档前，必须掌握文档的一些基本操作，包括新建、保存、打开和关闭文档等。只有熟悉这些基本操作后，才能更好地操控 Word 2016。

3.1.1 新建文档

Word 文档是文本、图片等对象的载体，要制作出一篇工整、漂亮的文档，首先必须创建一个新文档。

1. 新建空白文档

空白文档是指文档中没有任何内容的文档。选择【文件】按钮，在打开的界面中选择【新建】选项，打开【新建】选项区域，然后在该选项区域中单击【空白文档】选项即可创建一个空白文档。

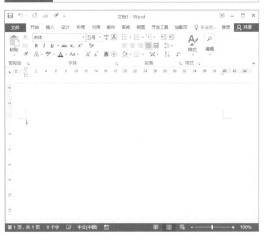

2. 使用模板创建文档

模板是 Word 预先设置好内容格式的文档。Word 2016 为用户提供了多种具有统一规格、统一框架的文档模板，如传真、信函和简历等。

【例 3-1】在 Word 2016 中利用模板创建一个文档。
〇 视频

step 1 启动 Word 2016，单击【文件】按钮，打开【文件】页面，单击【新建】按钮，打开【新建】页面。

step 2 在【新建】页面顶部的文本框中输入"邀请函"，然后按下回车键，在打开的页面中单击【婚礼邀请函】模板。打开【婚礼邀请函】对话框，单击【创建】按钮。

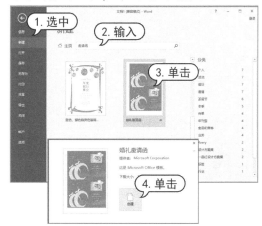

step 3 此时，Word 2016 将通过网络下载模板，并创建如下图所示的文档。

3.1.2　打开和关闭文档

打开文档是 Word 的一项基本操作，对于任何文档来说都需要先将其打开，然后才能对其进行编辑。编辑完成后，可将文档关闭。

1. 打开文档

找到文档所在的位置后，双击 Word 文档，或者右击 Word 文档，从弹出的快捷菜单中选择【打开】命令，直接打开该文档。

用户还可在一个已打开的文档中打开另外一个文档。单击【文件】按钮，选择【打开】命令，然后在打开的选项区域中选择打开文件的位置(例如选择【浏览】选项)。

打开【打开】对话框，选中需要打开的 Word 文档，并单击【打开】按钮，即可将其打开。

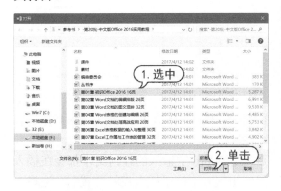

2. 关闭文档

当用户不需要再使用文档时，应将其关

闭，常用的关闭文档的方法如下。

- ➢ 单击标题栏右侧的【关闭】按钮 × 。
- ➢ 按 Alt+F4 组合键。
- ➢ 单击【文件】按钮，从弹出的界面中选择【关闭】命令，关闭当前文档。
- ➢ 右击标题栏，从弹出的快捷菜单中选择【关闭】命令。

3.1.3　保存文档

用户正在编辑某个文档时，如果出现了电脑突然死机、停电等非正常关闭的情况，文档中的信息就会丢失，因此，为了保护劳动成果，做好文档的保存工作十分重要。

在 Word 2016 中，保存文档有以下几种情况。

➢ 保存新建的文档：如果要对新建的文档进行保存，可单击【文件】按钮，在打开的页面中选择【保存】命令，或单击快速访问工具栏上的【保存】按钮 回，打开【另存为】页面，选择【浏览】选项，在打开的对话框中设置文档的保存路径、名称及保存格式，然后单击【保存】按钮。

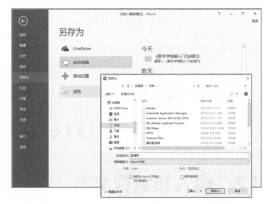

➢ 保存已保存过的文档：要对已保存过的文档进行保存，可单击【文件】按钮，在打开的页面中选择【保存】命令，或单击快速访问工具栏上的【保存】按钮 回，就可以按照文档原有的路径、名称以及格式进行保存。

➢ 另存为其他文档：如果文档已保存过，但在进行了一些编辑操作后，需要将其保存下来，并且希望仍能保存以前的文档，这时就需要对文档进行另存为操作。要将当前文档另存为其他文档，可以按下 F12 键打开【另存为】对话框，在其中设置文档的保存路径、名称及保存格式，然后单击【保存】按钮即可。

保存文档时需要选择文件保存的位置及保存类型。可以在 Word 2016 中设置文件默认的保存类型及保存位置。

【例 3-2】设置 Word 2016 保存选项。 视频

step 1 启动 Word 2016，选择【文件】|【选项】命令。打开【Word 选项】对话框，在左侧选择【保存】选项，在右侧【保存文档】区域单击【将文件保存为此格式】后的下拉菜单按钮，选择【Word 文档(*.docx)】选项，设置该保存格式。

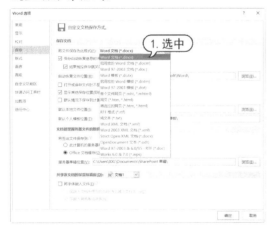

step 2 单击【默认本地文件位置】文本框后的【浏览】按钮。

step 3 打开【修改位置】对话框，选择文档要默认保存的文件夹位置，然后单击【确定】按钮。

step 4 返回【Word 选项】对话框，单击【确定】按钮完成设置。

3.2 输入和编辑文本

在 Word 2016 中，文字是组成段落的最基本的内容，任何一个文档都是从文本开始进行编辑的。

3.2.1 输入文本

新建一个 Word 文档后，在文档的开始位置将出现一个闪烁的光标，称之为"插入点"。在 Word 中输入的任何文本都会在插入点处出现。定位了插入点的位置后，选择一种输入法即可开始文本的输入。

1. 输入英文和中文

在英文状态下通过键盘可以直接输入英文、数字及标点符号。需要注意的是以下几点。

▶ 按 Caps Lock 键可输入英文大写字母，再次按该键输入英文小写字母。

▶ 按 Shift 键的同时按双字符键将输入上档字符；按 Shift 键的同时按字母键将输入英文大写字母。

▶ 按 Enter 键，插入点自动移到下一行行首。

▶ 按空格键，在插入点的左侧插入一个空格符号。

一般情况下，系统会自带一些基本的输入法，如微软拼音、智能 ABC 等。用户也可以添加和安装其他输入法，这些中文输入法可以通用。

2. 输入符号

在输入文本时，除了可以直接通过键盘输入常用的基本符号外，还可以通过 Word 2016 的插入符号功能输入一些诸如☆、▢、

®(注册符号)以及™(商标符号)等特殊字符。

打开【插入】选项卡，单击【符号】组中的【符号】下拉按钮，从弹出的下拉菜单中选择相应的符号。

或者选择【其他符号】命令，将打开【符号】对话框，选择要插入的符号，单击【插入】按钮，即可插入该符号。

如果需要为某个符号设置快捷键，可以在【符号】对话框中选中该符号后，单击【快捷键】按钮，打开【自定义键盘】对话框，在【请按新快捷键】文本框中输入快捷键后，单击【指定】按钮，再单击【关闭】按钮。

3. 插入日期和时间

在 Word 2016 中输入日期类格式的文本时，Word 2016 会自动显示默认格式的当前日期，按 Enter 键即可完成当前日期的输入。如果要输入其他格式的日期，除了可以手动输入外，还可以通过【日期和时间】对话框进行插入。打开【插入】选项卡，在【文本】组中单击【日期和时间】按钮，打开【日期和时间】对话框，在【可用格式】列表框中选择所需的格式，然后单击【确定】按钮。

【例 3-3】创建"邀请函"文档，输入文本。

视频+素材 (素材文件\第 03 章\例 3-3)

step 1 启动 Word 2016，新建一个空白文档，将其以"邀请函"为名进行保存。

step 2 按空格键，将插入点移至页面中央位置，输入标题文本"邀请函"。

step 3 按 Enter 键换行，继续输入其他文本。

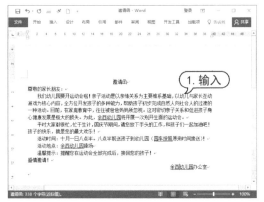

step 4 将插入点定位到文本"活动时间"开头处，打开【插入】选项卡，在【符号】组中单击【符号】按钮，从弹出的菜单中选择【其他符号】命令，打开【符号】对话框的【符号】选项卡，在【字体】下拉列表框中选择【Wingdings】选项，在其下的列表框中选择手指形状符号，然后单击【插入】按钮。

step 5 将插入点定位到文本"活动地点"开头处，返回【符号】对话框，单击【插入】按钮，继续插入手指形状符号。单击【关闭】按钮，关闭【符号】对话框，此时在文档中显示所插入的符号。

平时大家都很忙，忙于生计，国庆节期间，请您放下手头的工作孩子的快乐，就是您的最大欢乐！
☞活动时间：十月一日八点半。八点半前送孩子到幼儿园
☞活动地点：余西幼儿园操场
温馨提示：提醒您在运动会全部完成后，接回您的孩子！
盛情邀请！

step⑥ 将插入点定位在文档末尾，按 Enter
键换行。打开【插入】选项卡，在【文本】
组中单击【日期和时间】按钮。打开【日期
和时间】对话框，在【语言(国家/地区)】下
拉列表框中选择【中文(中国)】选项，在【可
用格式】列表框中选择第 3 种日期格式，单
击【确定】按钮，插入该日期。

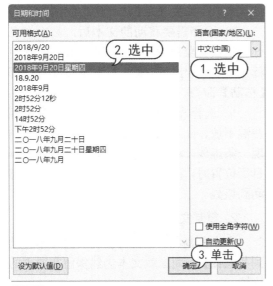

step⑦ 此时在文档末尾插入该日期，按空格
键将该日期文本移动至结尾处。

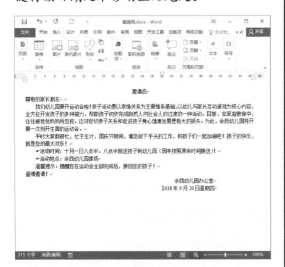

3.2.2 选择文本

在 Word 2016 中进行文本编辑操作之
前，必须选取或选定操作的文本。选择文本

既可以使用鼠标，也可以使用键盘，还可以
结合鼠标和键盘进行选择。

1. 使用鼠标选择文本

使用鼠标选择文本是最基本、最常用的
方法。使用鼠标选择文本十分方便。

➤ 拖动选择：将鼠标指针定位在起始
位置，按住鼠标左键不放，向目的位置拖动
鼠标以选择文本。

➤ 单击选择：将鼠标光标移到要选定
行的左侧空白处，当鼠标光标变成⇗形状时，
单击鼠标选择该行文本内容。

➤ 双击选择：将鼠标光标移到文本编
辑区左侧，当鼠标光标变成⇗形状时，双击
鼠标左键，即可选择该段的文本内容；将鼠
标光标定位到词组中间或左侧，双击鼠标选
择该单字或词。

➤ 三击选择：将鼠标光标定位到要选
择的段落，三击鼠标选中该段的所有文本；
将鼠标光标移到文档左侧空白处，当光标变
成⇗形状时，三击鼠标选中整篇文档。

2. 使用键盘选择文本

使用键盘选择文本时，需先将插入点移
动到要选择的文本的开始位置，然后按键盘
上相应的快捷键即可。利用快捷键选择文本
内容的功能如下表所示。

快捷键	作用
Shift+→	选择光标右侧的一个字符
Shift+←	选择光标左侧的一个字符
Shift+↑	选择光标位置至上一行相同位置之间的文本
Shift+↓	选择光标位置至下一行相同位置之间的文本
Shift+Home	选择光标位置至行首
Shift+End	选择光标位置至行尾
Shift+PageDown	选择光标位置至下一屏之间的文本
Shift+PageUp	选择光标位置至上一屏之间的文本

(续表)

快捷键	作用
Ctrl+Shift+Home	选择光标位置至文档开始之间的文本
Ctrl+Shift+End	选择光标位置至文档结尾之间的文本
Ctrl+A	选中整篇文档

3. 使用键盘+鼠标选择文本

使用鼠标和键盘结合的方式，不仅可以选择连续的文本，还可以选择不连续的文本。

➤ 选择连续的较长文本：将插入点定位到要选择区域的开始位置，按住 Shift 键不放，再移动光标至要选择区域的结尾处，单击鼠标左键即可选择该区域之间的所有文本内容。

➤ 选取不连续的文本：选取任意一段文本，按住 Ctrl 键，再拖动鼠标选取其他文本，即可同时选取多段不连续的文本。

➤ 选取整篇文档：按住 Ctrl 键不放，将光标移到文本编辑区左侧空白处，当光标变成形状时，单击鼠标左键即可选取整篇文档。

➤ 选取矩形文本：将插入点定位到开始位置，按住 Alt 键并拖动鼠标，即可选取矩形文本。

3.2.3 移动和复制文本

在文档中需要重复输入文本时，可以使用移动或复制文本的方法进行操作，以节省时间，加快输入和编辑的速度。

1. 移动文本

移动文本是指将当前位置的文本移到另外的位置，在移动的同时，会删除原来位置上的文本。移动文本后，原来位置的文本消失。

移动文本的方法如下。

➤ 选择需要移动的文本，按 Ctrl+X 组合键剪切文本，在目标位置处按 Ctrl+V 组合键粘贴文本。

➤ 选择需要移动的文本，在【开始】选项卡的【剪贴板】组中，单击【剪切】按钮，在目标位置处，单击【粘贴】按钮。

➤ 选择需要移动的文本，按下鼠标右键拖动至目标位置，松开鼠标后弹出一个快捷菜单，在其中选择【移动到此位置】命令。

➤ 选择需要移动的文本后，右击，在弹出的快捷菜单中选择【剪切】命令，在目标位置处右击，在弹出的快捷菜单中选择【粘贴】命令。

➤ 选择需要移动的文本后，按下鼠标左键不放，此时鼠标光标变为形状，并出现一条虚线，移动鼠标光标，当虚线移动到目标位置时，释放鼠标即可将选取的文本移动到该处。

2. 复制文本

文本的复制，是指将要复制的文本移动到其他位置，而原版文本仍然保留在原来的位置。

复制文本的方法如下。

➤ 选取需要复制的文本，按 Ctrl+C 组合键，把插入点移到目标位置，再按 Ctrl+V 组合键。

➤ 选择需要复制的文本，在【开始】选项卡的【剪贴板】组中，单击【复制】按钮，将插入点移到目标位置处，单击【粘贴】按钮。

➤ 选取需要复制的文本，按下鼠标右键拖动到目标位置，松开鼠标会弹出一个快捷菜单，在其中选择【复制到此位置】命令。

3.2.4 删除和撤销文本

删除文本的操作方法如下。

➤ 按 Backspace 键，删除光标左侧的文本；按 Delete 键，删除光标右侧的文本。

➤ 选择需要删除的文本，在【开始】选项卡的【剪贴板】组中，单击【剪切】按钮。

选择文本，按 Backspace 键或 Delete 键均可删除所选文本。

编辑文档时，Word 2016 会自动记录最近执行的操作，因此当操作错误时，可以通过撤销功能将错误操作撤销。如果误撤销了某些操作，还可以使用恢复操作将其恢复。

常用的撤销操作主要有以下两种。

在快速访问工具栏中单击【撤销】按钮，撤销上一次的操作。单击按钮右侧的下拉按钮，可以在弹出列表中选择要撤销的操作。

按 Ctrl+Z 组合键，撤销最近的操作。

恢复操作用来还原撤销操作，恢复撤销以前的文档。

常用的恢复操作主要有以下两种。

在快速访问工具栏中单击【恢复】按钮，恢复操作。

按 Ctrl+Y 组合键，恢复最近的撤销操作，这是 Ctrl+Z 的逆操作。

3.2.5　查找和替换文本

在篇幅比较长的文档中，使用 Word 2016 提供的查找与替换功能可以快速地找到文档中某个信息或更改全文中多次出现的词语，从而无须反复地查找文本，使操作变得较为简单，节约办公时间，提高工作效率。

1. 使用查找和替换功能

在编辑一篇文档的过程中，要替换一个文本，使用 Word 2016 提供的查找和替换功能，将会达到事半功倍的效果。

【例3-4】在"邀请函"文档中查找文本"运动会"，并将其替换为"亲子运动会"。

视频+素材 (素材文件\第 03 章\例 3-4)

step 1 在【开始】选项卡的【编辑】组中单击【查找】按钮，打开导航窗格。在【导航】文本框中输入文本"运动会"，此时 Word 2016 自动在文档编辑区中以黄色高亮显示所查找到的文本。

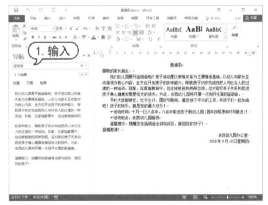

step 2 在【开始】选项卡的【编辑】组中，单击【替换】按钮，打开【查找和替换】对话框，打开【替换】选项卡，此时【查找内容】文本框中显示文本"运动会"，在【替换为】文本框中输入文本"亲子运动会"，单击【全部替换】按钮。

step 3 替换完成后，打开完成替换提示框，单击【确定】按钮。

step 4 返回【查找和替换】对话框，单击【关闭】按钮，返回文档窗口，查看替换后的文本。

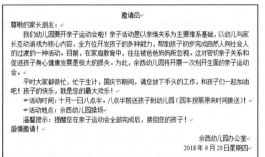

3.3 设置文本和段落格式

在制作 Word 2016 文档的过程中，为了实现美观的效果，通常需要设置文字和段落的格式。

3.3.1 设置文本格式

在 Word 文档中输入的文本默认字体为宋体，默认字号为五号，为了使文档更加美观、条理更加清晰，通常需要对文本进行格式化操作，如设置字体、字号、字体颜色、字形、字体效果和字符间距等。

要设置文本格式，可以使用以下几种方式进行操作。

1. 使用【字体】组设置

选中要设置格式的文本，在功能区中打开【开始】选项卡，使用【字体】组中提供的按钮即可设置文本格式。

其中各字符格式按钮的功能分别如下。

➤ 字体：指文字的外观，Word 2016 提供了多种字体，默认字体为宋体。

➤ 字形：指文字的一些特殊外观，如加粗、倾斜、下画线、上标和下标等，单击【删除线】按钮 abc，可以为文本添加删除线效果。

➤ 字号：指文字的大小，Word 2016 提供了多种字号。

➤ 字符边框：为文本添加边框，单击带圈字符按钮，可为字符添加圆圈效果。

➤ 文本效果：为文本添加特殊效果，单击该按钮，从弹出的菜单中可以为文本设置轮廓、阴影、映像和发光等效果。

➤ 字体颜色：指文字的颜色，单击【字体颜色】按钮右侧的下拉箭头，在弹出的菜单中选择需要的颜色命令。

➤ 字符缩放：增大或者缩小字符。

➤ 字符底纹：为文本添加底纹效果。

2. 使用浮动工具栏设置

选中要设置格式的文本，此时选中文本区域的右上角将出现浮动工具栏，使用工具栏提供的命令按钮可以进行文本格式的设置。

3. 使用【字体】对话框设置

打开【开始】选项卡，单击【字体】对话框启动器按钮 ，打开【字体】对话框，即可进行文本格式的相关设置。其中，在【字体】选项卡中可以设置字体、字形、字号、字体颜色和效果等。

选择该对话框的【高级】选项卡，可以在其中设置文本之间的间隔距离和位置。

step 1　启动 Word 2016 应用程序，打开 "酒" 文档。

step 2　选中标题文本 "酒"，然后在【开始】选项卡的【字体】组中单击【字体】下拉按钮，并在弹出的下拉列表框中选择【微软雅黑】选项；单击【字体颜色】下拉按钮，在打开的颜色面板中选择【黑色，文字 1，淡色 15%】选项；单击【字号】下拉按钮，从弹出的下拉列表框中选择【26 号】选项，在

【段落】组中单击【居中】按钮，此时标题文本效果如下图所示。

step 3　选中正文的第一段文本，在【字体】组中单击对话框启动器按钮。

step 4　在弹出的【字体】对话框中打开【字体】选项卡，在【中文字体】下拉列表框中选择【方正黑体简体】选项，在【字形】列表框中选择【常规】选项；在【字号】列表框中选择【10.5】选项，单击【字体颜色】下拉按钮，从打开的颜色面板中选择【深蓝】选项，单击【确定】按钮。

step 5　使用同样的方法，设置文档中其他文本的字号大小为【10】，颜色为【黑色】，字体为【宋体】，效果如下图所示。

3.3.2 设置段落对齐方式

段落对齐指文档边缘的对齐方式，包括两端对齐、左对齐、右对齐、居中对齐和分散对齐。这5种对齐方式的说明如下所示。

➤ 两端对齐：默认设置，两端对齐时文本左右两端均对齐，但是段落最后不满一行的文字右边是不对齐的。

➤ 左对齐：文本的左边对齐，右边参差不齐。

➤ 右对齐：文本的右边对齐，左边参差不齐。

➤ 居中对齐：文本居中排列。

➤ 分散对齐：文本左右两边均对齐，而且每个段落的最后一行不满一行时，将拉开字符间距使该行均匀分布。

设置段落对齐方式时，先选定要对齐的段落，然后可以通过单击【开始】选项卡的【段落】功能组(或浮动工具栏)中的相应按钮来实现，也可以通过【段落】对话框来实现。

【例 3-6】在"酒"文档中，通过【段落】对话框设置段落对齐方式。
视频+素材 (素材文件\第 03 章\例 3-6)

step ① 启动 Word 2016 应用程序，打开"酒"文档。

step ② 选中正文第 1 段文本，然后在【开始】选项卡的【段落】组中单击对话框启动器按钮，打开【段落】对话框。

step ③ 打开【缩进和间距】选项卡，单击【对齐方式】下拉按钮，在弹出的下拉列表中选择【居中】选项，单击【确定】按钮。

step ④ 此时文档中第一段文字的效果如下图所示。

3.3.3 设置段落缩进

段落缩进是指段落中的文本与页边距之间的距离。Word 2016 提供了以下 4 种段落缩进的方式。

> 左缩进：设置整个段落左边界的缩进位置。

> 右缩进：设置整个段落右边界的缩进位置。

> 悬挂缩进：设置段落中除首行以外的其他行的起始位置。

> 首行缩进：设置段落中首行的起始位置。

1. 使用标尺设置缩进量

通过水平标尺可以快速设置段落的缩进方式及缩进量。水平标尺包括首行缩进、悬挂缩进、左缩进和右缩进这 4 个标记。

使用标尺设置段落缩进时，在文档中选择要改变缩进的段落，然后拖动缩进标记到缩进位置，可以使某些行缩进。在拖动鼠标时，整个页面上出现一条垂直虚线，以显示新边距的位置。

 知识点滴

在使用水平标尺格式化段落时，按住 Alt 键不放，使用鼠标拖动标记，水平标尺上将显示具体的度量值。拖动首行缩进标记到缩进位置，将以左边界为基准缩进第一行；拖动悬挂缩进标记至缩进位置，可以设置除首行外的所有行缩进；拖动左缩进标记至缩进位置，可以使所有行左缩进。

2. 使用【段落】对话框设置缩进量

使用【段落】对话框可以准确地设置缩进尺寸。打开【开始】选项卡，单击【段落】组中的对话框启动器按钮，打开【段落】对话框的【缩进和间距】选项卡，在该选项卡中进行相关设置即可设置段落缩进。

 知识点滴

在【段落】对话框的【缩进】选项区域的【左侧】文本框中输入左缩进值，则所有行从左边缩进相应值；在【右侧】文本框中输入右缩进值，则所有行从右边缩进相应值。

【例 3-7】在"酒"文档中，设置文本段落的首行缩进 2 个字符。
视频+素材（素材文件\第 03 章\例 3-7）

step 1 启动 Word 2016 应用程序，打开"酒"文档。

step 2 选取正文第 2 段文本，打开【开始】选项卡，在【段落】组中单击对话框启动器按钮，打开【段落】对话框。

step 3 打开【缩进和间距】选项卡，在【段落】选项区域的【特殊格式】下拉列表中选择【首行缩进】选项，并在【缩进值】微调框中输入"2字符"，单击【确定】按钮，完成设置。

3.3.4 设置段落间距

段落间距的设置包括对文档行间距与段间距的设置。其中，行间距是指段落中行与行之间的距离；段间距是指前后相邻的段落之间的距离。

1. 设置行间距

行间距决定段落中各行文本之间的垂直距离。Word 2016默认的行间距值是单倍行距，用户可根据需要重新对其进行设置。在【段落】对话框中，打开【缩进和间距】选项卡，在【行距】下拉列表框中选择相应选项，并在【设置值】微调框中输入数值即可。

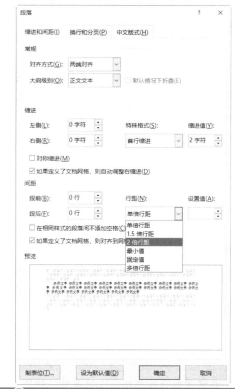

2. 设置段间距

段间距决定段落前后空白距离的大小。在【段落】对话框中，打开【缩进和间距】选项卡，在【段前】和【段后】微调框中输入值，就可以设置段间距。

【例3-8】在"酒"文档中，设置段落间距。
🎬 视频+素材 (素材文件\第03章\例3-8)

step① 启动 Word 2016 应用程序，打开"酒"文档。

step 2 将插入点定位在标题"酒"的前面，打开【开始】选项卡，在【段落】组中单击对话框启动器按钮，打开【段落】对话框。

step 3 打开【缩进和间距】选项卡，在【间距】选项区域中的【段前】和【段后】微调框中输入"1 行"，单击【确定】按钮。

step 4 此时完成段落间距的设置，文档中标题"酒"的效果如下图所示。

step 5 按住 Ctrl 键选中从第 2 段开始所有正文，再次打开【段落】对话框的【缩进和间距】选项卡。在【行距】下拉列表框中选择【固定值】选项，在其右侧的【设置值】微调框中输入"18 磅"，单击【确定】按钮。

step 6 完成以上设置后，文档中正文的效果将如下图所示。

3.4　设置项目符号和编号

使用项目符号和编号，可以对文档中并列的项目进行组织，或者将内容的顺序进行编号，以使这些项目的层次结构更加清晰、更有条理。Word 2016 提供了多种标准的项目符号和编号，并且允许用户自定义项目符号和编号。

3.4.1　添加项目符号和编号

Word 2016 提供了自动添加项目符号和编号的功能。在以 1.、(1)、a)等字符开始的段落中按 Enter 键，下一段开始将会自动出现 2.、(2)、b)等字符。

此外，选取要添加符号的段落，打开【开始】选项卡，在【段落】组中单击【项目符号】按钮，将自动在每一段落前面添加项目符号；单击【编号】按钮，将以"1." "2." "3."的形式编号。

若用户要添加其他样式的项目符号和编号，可以打开【开始】选项卡，在【段落】组中，单击【项目符号】下拉按钮，从弹出的下拉菜单中选择项目符号的样式。

单击【编号】下拉按钮，从弹出的下拉菜单中选择编号的样式。

【例3-9】在"酒"文档中，添加项目符号和编号。

视频+素材 (素材文件\第03章\例3-9)

step 1 启动 Word 2016，打开"酒"文档后，选中文档中需要设置编号的文本。

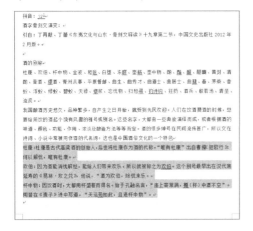

step 2 打开【开始】选项卡，在【段落】组中单击【编号】下拉按钮，从弹出的列表框中选择一种编号样式，即可为所选段落添加编号。

step 3 选中文档中需要添加项目符号的文本段落。

step 4 在【段落】组中单击【项目符号】下拉按钮，从弹出的列表框中选择一种项目样式，即可为段落自动添加项目符号。

3.4.2 自定义项目符号和编号

在使用项目符号和编号功能时，用户除了可以使用系统自带的项目符号和编号样式外，还可以对项目符号和编号进行自定义设置，以满足不同用户的需求。

1. 自定义项目符号

选取项目符号段落，打开【开始】选项卡，在【段落】组中单击【项目符号】下拉按钮，在弹出的下拉菜单中选择【定义新项目符号】命令，打开【定义新项目符号】对话框，在其中自定义一种项目符号即可。

在该对话框中各选项的功能如下所示。

▶【符号】按钮：单击该按钮，打开【符号】对话框，可从中选择合适的符号作为项目符号。

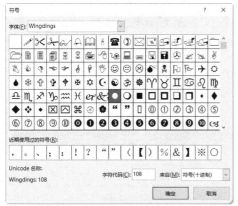

▶【图片】按钮：单击该按钮，打开【插入图片】窗格，可从网上选择合适的图片符号作为项目符号，也可以单击【浏览】按钮，导入本地电脑的图片作为项目符号。

▶【字体】按钮：单击该按钮，打开【字体】对话框，可以设置项目符号的字体格式。

▶【对齐方式】下拉列表框：在该下拉列表框中列出了 3 种项目符号的对齐方式，分别为左对齐、居中对齐和右对齐。

▶【预览】框：可以预览用户设置的项目符号的效果。

【例3-10】在"酒"文档中，自定义项目符号。
视频+素材 (素材文件\第 03 章\例 3-10)

step 1 启动 Word 2016 应用程序，打开"酒"文档。

step 2 选取项目符号段落，打开【开始】选项卡，在【段落】组中单击【项目符号】下拉按钮，从弹出的下拉菜单中选择【定义新项目符号】命令。

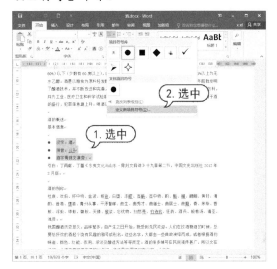

step ③ 打开【定义新项目符号】对话框，单击【图片】按钮。

step ④ 打开【插入图片】窗格，单击【从文件】中的【浏览】按钮。

step ⑤ 打开【插入图片】对话框，选择保存在电脑中的图片，单击【插入】按钮。

step ⑥ 返回【定义新项目符号】对话框，在中间的列表框中显示导入的项目符号图片，单击【确定】按钮。

step ⑦ 返回 Word 2016 窗口，此时在文档中显示自定义的图片项目符号。

2. 自定义编号

选取编号段落，打开【开始】选项卡，在【段落】组中单击【编号】下拉按钮，从弹出的下拉菜单中选择【定义新编号格式】命令，打开【定义新编号格式】对话框。在【编号样式】下拉列表中选择一种编号的样式；单击【字体】按钮，可以在打开的【字体】对话框中设置项目编号的字体格式；在【对齐方式】下拉列表中选择编号的对齐方式。

要删除项目符号，可以在【开始】选项卡中单击【段落】组的【项目符号】下拉按钮，从弹出的【项目符号库】列表框中选择【无】选项即可。

要删除编号，可以在【开始】选项卡中单击【段落】组的【编号】下拉按钮，从弹出的【编号库】列表框中选择【无】选项即可。

3.5 设置边框和底纹

在使用 Word 2016 进行文字处理时，为使文档更加引人注目，可根据需要为文字和段落添加各种各样的边框和底纹，以增加文档的生动性和实用性。

3.5.1 设置边框

Word 2016 提供了多种边框供用户选择，用来强调或美化文档内容。在 Word 2016 中可以为文字、段落、整个页面设置边框。

1. 为文字或段落设置边框

选择要添加边框的文本或段落，在【开始】选项卡的【段落】组中单击【下框线】下拉按钮，在弹出的菜单中选择【边框和底纹】命令，打开【边框和底纹】对话框的【边框】选项卡，在其中进行相关设置。

【边框】对话框中各选项的功能如下所示。

➤ 【设置】选项区域：提供了 5 种边框样式，从中可选择所需的样式。

➤ 【样式】列表框：在该列表框中列出了各种不同的线条样式，从中可选择所需的线型。

➤ 【颜色】下拉列表框：可以为边框设置所需的颜色。

➤ 【宽度】下拉列表框：可以为边框设置相应的宽度。

➤ 【应用于】下拉列表框：可以设定边框应用的对象是文字或段落。

【例3-11】在"酒"文档中，为文本和段落设置边框。

视频+素材 （素材文件\第 03 章\例 3-11）

step① 启动 Word 2016 应用程序，打开"酒"文档，选中全文。

step② 打开【开始】选项卡，在【段落】组中单击【下框线】下拉按钮，在弹出的菜单中选择【边框和底纹】命令，打开【边框和底纹】对话框。

step③ 打开【边框】选项卡，在【设置】选项区域中选择【三维】选项；在【样式】列表框中选择一种线型样式；在【颜色】下拉

列表框中选择【浅绿】色块，在【宽度】下拉列表框中选择【1.5 磅】选项，单击【确定】按钮。

step④ 此时，即可为文档中所有段落添加一个边框效果。

step⑤ 选取项目符号后的文字，使用同样的方法，打开【边框和底纹】对话框。

step⑥ 打开【边框】选项卡，在【设置】选项区域中选择【阴影】选项；在【样式】列表框中选择一种虚线样式；在【颜色】下拉列表框中选择【浅蓝】色块，在【应用于】下拉列表框中选择【文字】选项，单击【确定】按钮。

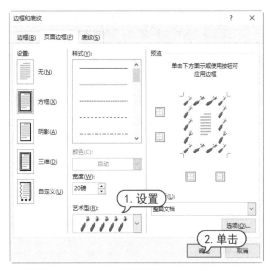

step 7 此时，即可为这 3 段文字每段都添加边框效果。

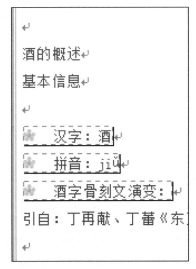

2. 为页面设置边框

设置页面边框可以使打印出的文档更加美观。特别是要制作一篇精美的文档时，添加页面边框是一个很好的办法。

打开【边框和底纹】对话框的【页面边框】选项卡，在其中进行设置，在【艺术型】下拉列表中选择一种艺术型样式后，单击【确定】按钮，即可为页面应用艺术型边框。

3.5.2　设置底纹

设置底纹不同于设置边框，底纹只能对文字、段落添加，而不能对页面添加。

打开【边框和底纹】对话框的【底纹】选项卡，在其中对填充的颜色和图案等进行相关设置。

【例 3-12】在"酒"文档中，为文本和段落设置底纹。

🔘 视频+素材 (素材文件\第 03 章\例 3-12)

step ① 启动 Word 2016 应用程序，打开"酒"
文档。

step ② 选取第 4、5 段文本，打开【开始】
选项卡，在【字体】组中单击【以不同颜色
突出显示文本】按钮，即可快速为文本添
加黄色底纹。

step ③ 选取所有的文本，打开【开始】选项
卡，在【段落】组中单击【下框线】下拉按
钮，在弹出的菜单中选择【边框和底纹】命
令，打开【边框和底纹】对话框。

step ④ 打开【底纹】选项卡，单击【填充】
下拉按钮，从弹出的颜色面板中选择【绿色】
色块，在【应用于】下拉列表框中选择【文
字】选项，然后单击【确定】按钮。

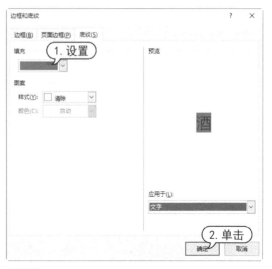

step ⑤ 此时，将为文档中所有段落添加一种
绿色的底纹。

step ⑥ 使用同样的方法，为第 9 段文本添加
【浅蓝】底纹，并设置文本字体颜色为白色。

3.6 案例演练

本章的案例演练部分是制作招聘启事这个实例操作，用户通过练习从而巩固本章所学
知识。

【例 3-13】制作"招聘启事"文档，在其中设置文本
和段落格式。

🔘 视频+素材 (素材文件\第 03 章\例 3-13)

step ① 启动 Word 2016 应用程序，新建一个
文档，并将其以"招聘启事"为名保存，输
入文本。

step 2 选中文档第一行文本"招聘启事"，然后选择【开始】选项卡，在【字体】组中设置【字体】为【微软雅黑】，【字号】为【小一】，在【段落】组中单击【居中】按钮，设置文本居中。

step 3 选中正文第2段内容，然后使用同样的方法，设置文本的字体、字号和对齐方式。

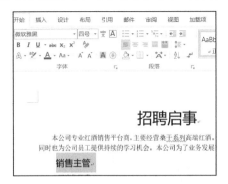

step 4 保持文本的选中状态，然后单击【剪贴板】组中的【格式刷】按钮，在需要套用格式的文本上单击并按住鼠标左键拖动，套用文本格式。

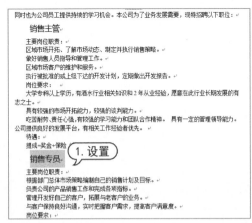

step 5 选中文档中的文本"主要岗位职责："，然后在【开始】选项卡的【字体】组中单击【加粗】按钮。

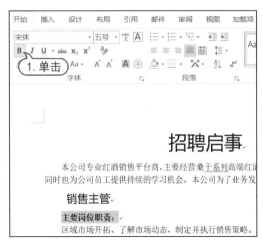

step 6 在【开始】选项卡的【段落】组中单击对话框启动器按钮。打开【段落】对话框，在【段前】和【段后】文本框中输入"0.5行"后，单击【确定】按钮。

step 7 使用同样的方法，为文档中其他段落的文字添加"加粗"效果，并设置段落间距。

step 8 选中文档中第4~7段文本,在【开始】选项卡的【段落】组中单击【编号】按钮,为段落添加编号。

step 9 选中文档中第9~11段文本,在【开始】选项卡中单击【项目符号】下拉列表按钮,在弹出的下拉列表中,选择一种项目符号样式。

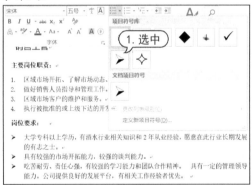

step 10 使用同样的方法为文档中其他段落设置项目符号与编号。

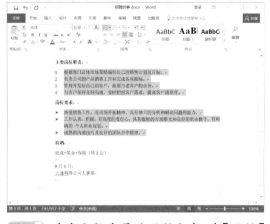

step 11 选中文档中最后两段文本,在【开始】选项卡的【段落】组中单击【右对齐】按钮,最后保存文档。

第4章

图文混排美化 Word 文档

在 Word 文档中适当地插入一些图形和图片，不仅会使文章显得生动有趣，还能帮助读者更直观地理解文章内容。本章将主要介绍 Word 2016 的绘图和图形处理功能，从而实现文档的图文混排。

本章对应视频

4.1 使用表格

为了更形象地说明问题，常常需要在文档中制作各种各样的表格。Word 2016 提供了强大的表格功能，可以快速创建与编辑表格。

4.1.1 插入表格

Word 2016 中提供了多种创建表格的方法，不仅可以通过按钮或对话框完成表格的创建，还可以根据内置样式快速插入表格。如果表格比较简单，还可以直接拖动鼠标来绘制表格。

1. 使用【表格】按钮

使用【表格】按钮可以快速打开表格网格框，使用表格网格框可以直接在文档中插入一个最大为 8 行 10 列的表格。这也是最快捷的创建表格的方法。

将光标定位在需要插入表格的位置，然后打开【插入】选项卡，单击【表格】组的【表格】按钮，在弹出的菜单中会出现网格框。拖动鼠标确定要创建表格的行数和列数，然后单击就可以完成一个规则表格的创建。

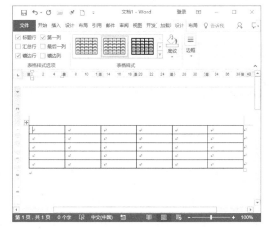

2. 使用【插入表格】对话框

使用【插入表格】对话框创建表格时，可以在建立表格的同时精确地设置表格的大小。

打开【插入】选项卡，在【表格】组中单击【表格】按钮，在弹出的菜单中选择【插入表格】命令，打开【插入表格】对话框，在【列数】和【行数】微调框中可以指定表格的列数和行数，单击【确定】按钮。

一些表格的组成部分只有在所有的格式标记都显示出来之后才可以看到，如表格移动控制点、行结束标记、单元格结束标记和表格缩放控制点。

【例 4-1】创建"员工考核表"文档，在其中创建一个 9 行 6 列的表格。

📹 视频+素材 (素材文件\第 04 章\例 4-1)

step 1 启动 Word 2016，创建一个名为"员工考核表"的文档，在其中输入标题"员工每月工作业绩考核与分析"，设置其格式为【华文细黑】【小二】【加粗】【深蓝】【居中】。

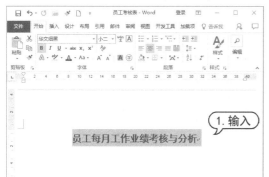

step 2 将插入点定位到表格标题下一行，打开【插入】选项卡，在【表格】组中单击【表格】按钮，从弹出的菜单中选择【插入表格】命令。

step 3 打开【插入表格】对话框，在【列数】和【行数】文本框中分别输入 6 和 9，单击【确定】按钮。

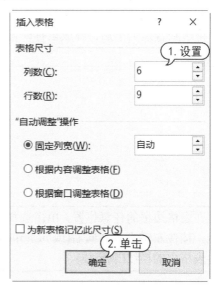

step 4 此时，在文档中将插入一个 9×6 的规则表格，效果如下图所示。

🔘 知识点滴

表格中的每一格称为单元格。单元格是用来描述信息的。每个单元格中的信息称为一个项目，项目可以是正文、数据，甚至可以是图形。

3. 绘制表格

通过 Word 2016 的绘制表格功能，可以创建不规则的行列数表格，以及绘制一些带有斜线表头的表格。

打开【插入】选项卡，在【表格】组中单击【表格】按钮，从弹出的菜单中选择【绘制表格】命令，此时光标变为 ℓ 形状，按住左键不放并拖动鼠标，会出现一个表格的虚框，待达到合适大小后，释放鼠标即可生成表格的边框。

在表格边框的任意位置，单击选择一个起点，按住左键不放并向右(或向下)拖动绘制出表格中的横线(或竖线)。

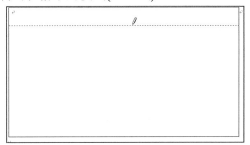

在表格的第 1 个单元格中，单击选择一个起点，向右下方拖动即可绘制一个斜线表格。

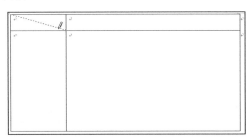

💡 知识点滴

如果在绘制过程中出现错误，打开【表格工具】的【设计】选项卡。在【绘图边框】组中单击【擦除】按钮，待鼠标指针变成橡皮形状时，单击要删除的表格线段。按照线段的方向拖动鼠标，该线段呈高亮显示，松开鼠标，该线段将被删除。

4．内置表格

为了快速制作出美观的表格，Word 2016 提供了许多内置表格。使用内置表格可以快速地创建具有特定样式的表格。

打开【插入】选项卡，在【表格】组中单击【表格】按钮，在弹出的菜单中选择【快速表格】命令的子命令。

此时即可插入带有格式的表格，这时表格创建完成，无须自己设置，只需在其中修改数据即可。

用户还可以打开【插入】选项卡，在【表格】组中单击【表格】按钮，在弹出的菜单中选择【Excel电子表格】命令。此时，即可在 Word 编辑窗口中启动 Excel 应用程序窗口，在其中编辑表格。

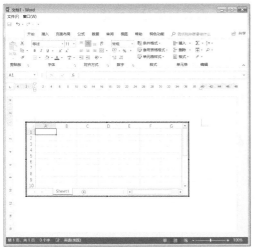

当表格编辑完成后，在文档任意处单击，即可退出电子表格的编辑状态，完成表格的创建操作。

4.1.2　编辑表格

表格创建完成后，还需要对其进行编辑操作，如选定行、列和单元格，插入和删除行、列，合并和拆分单元格等，以满足不同用户的需要。

1. 选定行、列和单元格

对表格进行格式化之前，首先要选定表格编辑对象，然后才能对表格进行操作。选定表格编辑对象的鼠标操作方式有如下几种。

➢ 选定一个单元格：将鼠标移动至该单元格的左侧区域，当光标变为 ➚ 形状时单击。

➢ 选定整行：将鼠标移动至该行的左侧，当光标变为 ➚ 形状时单击。

➢ 选定整列：将鼠标移动至该列的上方，当光标变为 ↓ 形状时单击。

➢ 选定多个连续的单元格：沿被选区域左上角向右下角拖动鼠标。

➢ 选定多个不连续的单元格：选取第 1 个单元格后，按住 Ctrl 键不放，再分别选取其他的单元格。

➢ 选定整个表格：移动鼠标到表格左上角的图标 ⊞ 时单击。

2. 插入行、列和单元格

在创建好表格后，经常会因为一些原因需要插入一些新的行、列或单元格。

要向表格中添加行，先选定与需要插入行的位置相邻的行，选择的行数和要增加的行数相同，然后打开【表格工具】的【布局】选项卡，在【行和列】组中单击【在上方插入】或【在下方插入】按钮即可。插入列的操作与插入行基本类似，只需在【行和列】组中单击【在左侧插入】或【在右侧插入】按钮。

此外，单击【行和列】组中的对话框启动器按钮 ⌐ ，打开【插入单元格】对话框，选中【整行插入】或【整列插入】单选按钮，单击【确定】按钮，同样可以插入行和列。

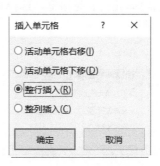

要插入单元格，可先选定若干个单元格，打开【表格工具】的【布局】选项卡，单击【行和列】组中的对话框启动器按钮，打开【插入单元格】对话框。

如果要在选定的单元格左边添加单元格，可选中【活动单元格右移】单选按钮，此时增加的单元格会将选定的单元格和此行中其余的单元格向右移动相应的列数；如果要在选定的单元格上边添加单元格，可选中【活动单元格下移】单选按钮，此时增加的单元格会将选定的单元格和此列中其余的单元格向下移动相应的行数，而且在表格最下方也增加了相应数目的行。

3. 删除行、列和单元格

选定需要删除的行，或将鼠标放置在该行的任意单元格中。在【行和列】组中，单击【删除】按钮，在打开的菜单中选择【删除行】命令即可。删除列的操作与删除行基本类似，在弹出的删除菜单中选择【删除列】命令即可。

要删除单元格，可先选定若干个单元格，然后打开【表格工具】的【布局】选项卡，在【行和列】组中单击【删除】按钮，在弹出的菜单中选择【删除单元格】命令，打开【删除单元格】对话框，选择移动单元格的方式即可。

4. 合并与拆分单元格

在 Word 2016 中，允许将相邻的两个或多个单元格合并成一个单元格，也可以把一个单元格拆分为多个单元格，达到增加行数和列数的目的。

在表格中选取要合并的单元格，打开【表格工具】的【布局】选项卡，在【合并】组中单击【合并单元格】按钮。或者在选中的单元格中右击，从弹出的快捷菜单中选择【合并单元格】命令。

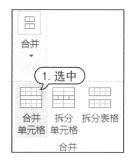

此时 Word 就会删除所选单元格之间的边界，建立起一个新的单元格，并将原来单元格的列宽和行高合并为当前单元格的列宽和行高。

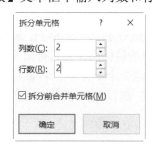

选取要拆分的单元格，打开【表格工具】的【布局】选项卡，在【合并】组中单击【拆分单元格】按钮，或者右击选中的单元格，在弹出的快捷菜单中选择【拆分单元格】命令，打开【拆分单元格】对话框，在【列数】和【行数】文本框中输入列数和行数即可。

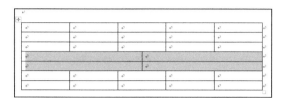

【例 4-2】在"员工考核表"文档中合并和拆分单元格。

🎬 视频+素材 (素材文件\第 04 章\例 4-2)

step 1 启动 Word 2016,打开"员工考核表"文档。选取表格第 2 行的后 5 个单元格,打开【表格工具】的【布局】选项卡,在【合并】组中单击【合并单元格】按钮,合并这5 个单元格。

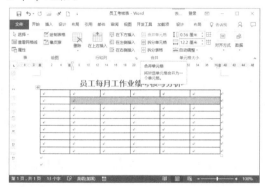

step 2 使用同样的方法,合并其他的单元格。

step 3 将插入点定位在第 5 行第 2 列的单元格中,在【合并】组中单击【拆分单元格】按钮,打开【拆分单元格】对话框。在该对话框的【列数】和【行数】文本框中分别输

入 1 和 3,单击【确定】按钮,此时该单元格被拆分成 3 个单元格。

step 4 使用同样的方法,拆分其他的单元格,最终效果如下图所示。

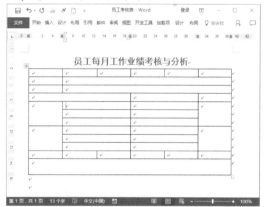

5. 输入表格文本

将插入点定位在表格的单元格中,然后直接利用键盘输入文本。在表格中输入文本时,Word 2016 会根据文本的多少自动调整单元格的大小。

【例 4-3】在"员工考核表"文档中输入表格文本。

🎬 视频+素材 (素材文件\第 04 章\例 4-3)

step 1 启动 Word 2016,打开"员工考核表"文档。

step 2 将鼠标光标移动到第 1 行第 1 列的单元格处,单击鼠标左键,将插入点定位到该单元格中,输入文本"姓名"。

step ③ 将插入点定位到第 1 行第 2 列的单元格中并输入表格文本，然后按 Tab 键，继续输入表格内容，如下图所示。

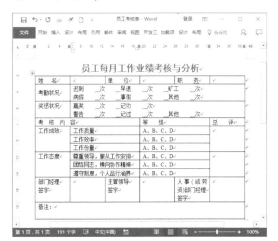

step ④ 在快速访问工具栏中单击【保存】按钮，保存"员工考核表"文档。

　　用户也可以使用 Word 文本格式的设置方法设置表格中文本的格式。选择单元格区域或整个表格，打开表格工具的【布局】选项卡，在【对齐方式】组中单击相应的按钮即可设置文本对齐方式。

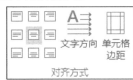

　　或者右击选中的单元格区域或整个表格，在弹出的快捷菜单中选择【表格属性】命令，打开【表格属性】对话框的【表格】

选项卡，选择对齐方式或文字环绕方式。

【例 4-4】 在"员工考核表"文档中设置表格文本。

🔘 **视频+素材** (素材文件\第 04 章\例 4-4)

step ① 启动 Word 2016，打开"员工考核表"文档。

step ② 选取文本"工作成效"和"工作态度"单元格，右击，从弹出的快捷菜单中选择【文字方向】命令，打开【文字方向-表格单元格】对话框，选择垂直排列第二种方式，单击【确定】按钮。

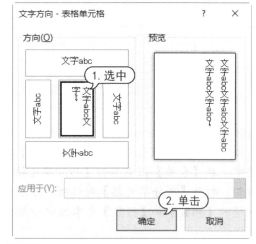

step ③ 此时，文本将以竖直排列形式显示在单元格中。

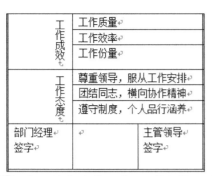

	工作质量
工作成效	工作效率
	工作份量
	尊重领导，服从工作安排
工作态度	团结同志，横向协作精神
	遵守制度，个人品行涵养
部门经理签字		主管领导签字

step 4　选取整个表格，打开【表格工具】的【布局】选项卡，在【单元格大小】组中单击【自动调整】按钮，从弹出的菜单中选择【根据窗口自动调整表格】命令，调整表格的尺寸。

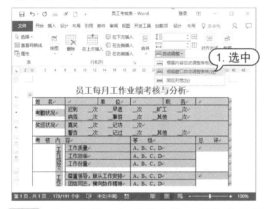

step 5　选中表格，打开【表格工具】的【布局】选项卡，在【对齐方式】组中单击【水平居中】按钮，设置文本水平居中对齐。

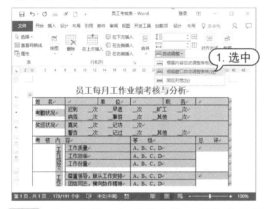

step 6　选取【考核内容】下的 6 个单元格，打开【表格工具】的【布局】选项卡，在【对齐方式】组中单击【中部两端对齐】按钮，选取的单元格中的文本将按该样式对齐。

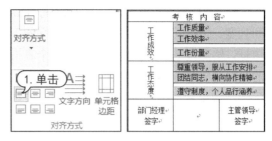

step 7　选中表格，在【开始】选项卡中单击【文字颜色】下拉按钮，在弹出的面板中选择蓝色。

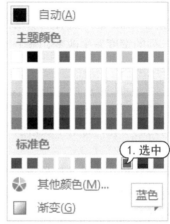

step 8　此时表格中文本全部显示为蓝色，最后保存文档。

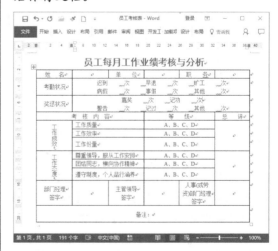

6. 调整行高与列宽

创建表格时，表格的行高和列宽都是默认值，而在实际工作中常常需要随时调整表格的行高和列宽。

使用鼠标可以快速地调整表格的行高和列宽。先将鼠标指针指向需调整的行的下边框，然后拖动鼠标至所需位置，整个表格的高度会随着行高的改变而改变。在使用鼠标拖动调整列宽时，先将鼠标指针指向表格中所要调整列的边框，使用不同的操作方法，可以达到不同的效果。

> 使用鼠标指针拖动边框，则边框左右两列的宽度发生变化，而整个表格的总体宽度不变。

> 按住 Shift 键，然后拖动鼠标，则边框左边一列的宽度发生改变，整个表格的总体宽度随之改变。

> 按住 Ctrl 键，然后拖动鼠标，则边框左边一列的宽度发生改变，边框右边各列也发生均匀的变化，而整个表格的总体宽度不变。

如果表格尺寸要求的精确度较高，可以使用【表格属性】对话框，以输入数值的方式精确地调整行高与列宽。

【例 4-5】在"员工考核表"文档中，调整表格的行高和列宽。

视频+素材（素材文件\第 04 章\例 4-5）

step ① 启动 Word 2016 应用程序，打开"员工考核表"文档。

step ② 将插入点定位在第 1 行任意单元格中，在【表格工具】的【布局】选项卡的【单元格大小】组中单击对话框启动器按钮，打开【表格属性】对话框。打开【行】选项卡，选中【指定高度】复选框，在【指定高度】文本框中输入"1 厘米"，在【行高值是】下拉列表中选择【固定值】选项。

step ③ 单击【下一行】按钮，使用同样的方法设置第 2 行的【指定高度】为 1.5 厘米，设置【行高值是】为【固定值】选项。

step ④ 使用同样的方法设置所有行的【指定高度】和【行高值是】选项，单击【确定】按钮。

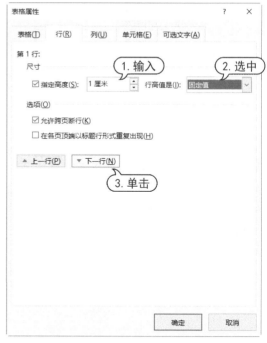

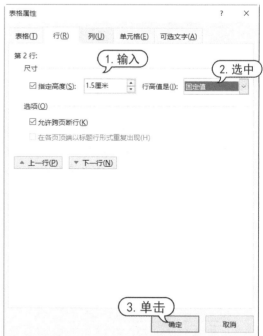

step ⑤ 选择文字 A、B、C、D 所在单元格，在【表格工具】的【布局】选项卡的【单元格大小】组中单击对话框启动器按钮，打开【表格属性】对话框。打开【列】选项卡，选中【指定宽度】复选框，在其后的微调框中输入"2 厘米"，单击【确定】按钮。

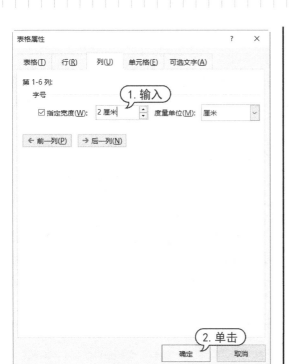

step 6 此时，即可完成选中单元格列宽的设置，效果如下图所示。

step 7 将插入点定位在表格任意单元格中，使用同样的方法打开【表格属性】对话框的【表格】选项卡，在【对齐方式】选项区域中选择【居中】选项，单击【确定】按钮，设置表格在文档中居中对齐。

step 8 最后表格的效果如下图所示。

💡 **知识点滴**

移动表格是在编辑表格时常用的操作，方法很简单，单击表格左上角的十字形的小方框🔲，按住左键不放，将其拖动到目标位置，松开鼠标，即可将表格移动到目标位置。

4.2 使用图片

为了使文档更加美观、生动，可以在其中插入图片对象。在 Word 2016 中，不仅可以插入系统提供的图片，还可以从其他程序或位置导入图片，甚至可以使用屏幕截图功能直接从屏幕中截取画面。

4.2.1 插入联机图片

Office 网络所提供的联机图片内容非常丰富，设计精美、构思巧妙，能够表达不同的主题，适合制作各种文档。

要插入联机图片，打开【插入】选项卡，然后在【插图】组中单击【联机图片】按钮，打开【插入图片】窗格，在文本框中输入搜索关键字，比如"酒"，按下 Enter 键。

此时将自动查找相关网络上关键字联机图片，选中所需的图片(可以选择多张图片)，然后单击【插入】按钮，即可将联机图片插入 Word 文档中。

4.2.2 插入屏幕截图

如果需要在 Word 文档中使用网页中的某个图片或者图片的一部分，则可以使用 Word 提供的【屏幕截图】功能来实现。

打开【插入】选项卡，在【插图】组中单击【屏幕截图】按钮，在弹出的菜单中选择一个需要截图的窗口，即可将该窗口截取，并显示在文档中。

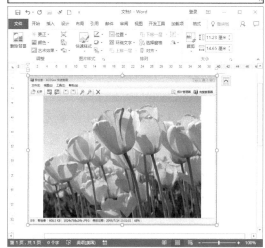

4.2.3 插入本机图片

在 Word 2016 中可以从电脑磁盘的其他位置中选择要插入的图片文件。这些图片文件可以是 Windows 的标准 BMP 位图，也可以是其他应用程序所创建的图片，如 CorelDraw 的 CDR 格式矢量图片、JPEG 压缩格式的图片、TIFF 格式的图片等。

【例4-6】在"酒"文档中插入电脑中的图片。

视频+素材 (素材文件\第 04 章\例 4-6)

step 1 启动 Word 2016 应用程序，打开"酒"文档，将插入点定位在文档中合适的位置上，然后打开【插入】选项卡，在【插图】组中单击【图片】按钮。

step 2 在打开的【插入图片】对话框中选中图片，单击【插入】按钮。

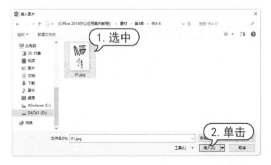

step 3 选中文档中插入的图片，然后单击图片右侧显示的【布局选项】按钮，在弹出的选项区域中选择【紧密型环绕】选项。

step 4 用鼠标单击图片并按住不放调整其位置，使其效果如下图所示。

4.2.4 编辑图片

在文档中插入图片后，经常还需要进行设置才能达到用户的需求，可以设置图片的颜色、大小、版式和样式等，让图片看起来更漂亮。

1. 调整图片的大小和位置

选中文档中插入的图片，将指针移动至图片右下角的控制柄上，当指针变成双向箭头形状时按住鼠标左键拖动。

当图片大小变化为合适的大小后，释放鼠标即可改变图片大小。

2. 裁剪图片

如果只需要插入图片中的某一部分，可以对图片进行裁剪，将不需要的部分裁掉。

选择文档中需要裁剪的图片，在【格式】选项卡的【大小】组中单击【裁剪】下拉按钮，在弹出的菜单中选择【裁剪】命令。

按下 Enter 键，即可裁剪图片，并显示裁剪后的图片效果。

3. 选择图片样式

Word 2016 提供了图片样式，用户可以选择图片样式快速对图片进行设置。

选择图片，在【格式】选项卡的【图片样式】组中单击【其他】按钮 ，在弹出的下拉列表中选择一种图片样式，此时，图片将应用设置的图片样式。

4. 设置图片颜色

如果用户对图片的颜色不满意，可以对图片颜色进行调整。在 Word 2016 中，可以快速得到不同的图片颜色效果。

选择文档中的图片，在【格式】选项卡的【调整】组中单击【颜色】下拉按钮，在展开的库中选择需要的图片颜色。

5. 应用艺术效果

Word 2016 提供了多种图片艺术效果，用户可以直接选择所需的艺术效果对图片进行调整。

选中文档中的图片，在【格式】选项卡的【调整】组中单击【艺术效果】下拉按钮，在展开的库中选择一种艺术字效果，例如"线条图"。此时，将显示图片的艺术处理效果。

4.3　使用艺术字

在流行的报刊上常常会看到各种各样的艺术字，这些艺术字给文章增添了强烈的视觉冲击效果。使用 Word 2016 可以创建出各种文字的艺术效果，使文章更生动醒目。

4.3.1　插入艺术字

打开【插入】选项卡，在【文本】组中单击【插入艺术字】按钮，打开艺术字列表框，在其中选择艺术字的样式，即可在 Word 文档中插入艺术字。插入艺术字的方法有两种：一种是先输入文本，再将输入的文本设置为艺术字样式；另一种是先选择艺术字样式，再输入需要的艺术字文本。

【例 4-7】在 "酒" 文档中插入艺术字。

视频+素材（素材文件\第 04 章例 4-7）

step 1　启动 Word 2016 应用程序，打开 "酒" 文档。

step 2　打开【插入】选项卡，在【文本】组中单击【插入艺术字】按钮，打开艺术字列表框，选择一个样式，即可在插入点处插入所选的艺术字样式。

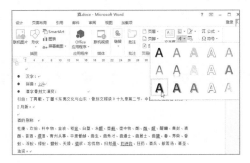

step 3　此时在文档中将插入一个艺术字输入框。

step 4　切换至中文输入法，在艺术字输入框内的提示文本 "请在此放置您的文字" 处输入文本 "酒"，然后拖动鼠标调整艺术字的位置和大小。

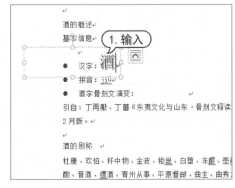

用户也可以先输入文本，再将文本设置为艺术字样式，选中文本，在【开始】选项卡的【字体】组中单击【文字效果】按钮，从弹出的艺术字列表框中选择一种艺术字样式即可。

4.3.2 编辑艺术字

选中艺术字，系统自动会打开【绘图工具】的【格式】选项卡。使用该选项卡中的相应工具，可以设置艺术字的样式、填充效果等属性，还可以对艺术字进行大小调整、旋转或添加阴影、添加三维效果等操作。

【例4-8】在"酒"文档中，编辑艺术字。
视频+素材（素材文件\第04章\例4-8）

step 1 启动 Word 2016 应用程序，打开"酒"文档。

step 2 选中文档中插入的艺术字，在【开始】选项卡的【字体】组中设置艺术字的字体为【方正舒体】。

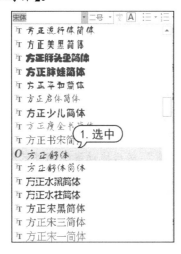

step 3 打开【格式】选项卡，在【艺术字样式】组中单击【文字效果】按钮Ａ，从弹出的下拉菜单中选择【映像】|【紧密映像，4pt偏移量】选项，为艺术字应用映像效果。

step 4 完成艺术字格式的设置操作后，文档中艺术字的最终效果如下图所示。

在【绘图工具】的【格式】选项卡的【艺术字样式】组中单击【文本填充】按钮，可以选择使用纯色、图片或纹理填充文本；单击【文本轮廓】按钮，可以设置文本轮廓的颜色、宽度和线型。

4.4 使用 SmartArt 图形

Word 2016 提供了 SmartArt 图形功能，用来说明各种概念性的内容，使文档更加形象生动。

4.4.1　插入 SmartArt 图形

要插入 SmartArt 图形，打开【插入】选项卡，在【插图】组中单击 SmartArt 按钮，打开【选择 SmartArt 图形】对话框，根据需要选择合适的类型即可。

在【选择 SmartArt 图形】对话框中，主要列出了如下几种 SmartArt 图形类型。

> 列表：显示无序信息。

> 流程：在流程或时间线中显示步骤。

> 循环：显示连续的流程。

> 层次结构：创建组织结构图，显示决策树。

> 关系：对连接进行图解。

> 矩阵：显示各部分如何与整体关联。

> 棱锥图：显示与顶部或底部最大一部分之间的比例关系。

> 图片：显示嵌入图片和文字的结构图。

4.4.2　编辑 SmartArt 图形

在文档中插入 SmartArt 图形后，如果对预设的效果不满意，则可以在 SmartArt 工具的【设计】和【格式】选项卡中对其进行编辑操作，如添加和删除形状，套用形状样式等。

【例 4-9】在"酒"文档中，插入并设置 SmartArt 图形。

视频+素材 (素材文件\第 04 章\例 4-9)

step 1 启动 Word 2016 应用程序，打开"酒"文档。将鼠标指针插入文档中需要插入 SmartArt 图形的位置。

step 2 打开【插入】选项卡，在【插图】组中单击 SmartArt 按钮，打开【选择 SmartArt 图形】对话框，然后在该对话框左侧的列表框中选择【关系】选项，在右侧的列表框中选中【漏斗】选项，单击【确定】按钮。

step 3 将鼠标指针插入 SmartArt 图形中的占位符，然后在其中输入文本，并设置文本的字号大小。

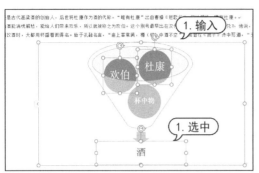

step 4 打开【设计】选项卡,然后在【SmartArt样式】组中单击【更改颜色】下拉列表按钮,在弹出的下拉列表中选择一个选项。

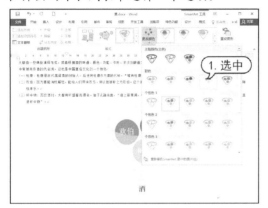

step 5 选择【格式】选项卡,然后在【艺术字样式】组中单击【其他】按钮 ,在弹出的列表框中选择SmartArt图形中艺术字的样式。

step 6 最后设置完毕的 SmartArt 图形的效果如下图所示。

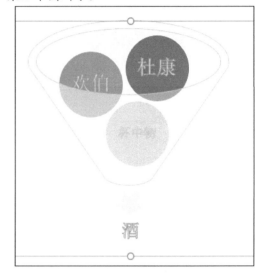

4.5 使用形状图形

Word 2016 提供了一套可以手工绘制的现成形状,包括直线、箭头、流程图、星与旗帜、标注等。在文档中,用户可以使用形状图形灵活地绘制出各种图形,并通过编辑操作,使图形达到满意的效果。

4.5.1 绘制形状图形

使用 Word 2016 提供的功能强大的绘图工具,就可以在文档中绘制这些形状图形。在文档中,用户可以使用这些图形添加一个形状,或合并多个形状生成一个绘图或一个更为复杂的形状。

打开【插入】选项卡,在【插图】组中单击【形状】按钮,从弹出的列表中选择图形按钮,然后在文档中拖动鼠标绘制对应的图形。

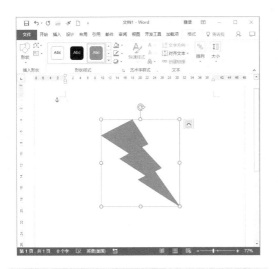

4.5.2　设置形状图形

绘制完形状图形后，系统自动打开【绘图工具】的【格式】选项卡，使用该功能区中相应的命令按钮可以设置形状图形的格式。例如，设置形状图形的大小、形状样式和位置等。

【例 4-10】在"酒"文档中，插入并设置形状图形。

视频+素材（素材文件\第 04 章\例 4-10）

step 1　启动 Word 2016 应用程序，打开"酒"文档。

step 2　打开【插入】选项卡，在【插图】组中单击【形状】下拉列表按钮，在弹出的列表框的【基本形状】区域中选择【云形】选项。

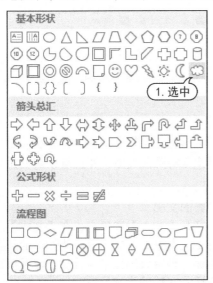

step 3　将鼠标指针移至文档中，按住鼠标左键拖动鼠标绘制形状图形。

step 4　选中绘制的形状图形，右击，从弹出的快捷菜单中选择【添加文字】命令，此时即可在形状图形中输入文字。

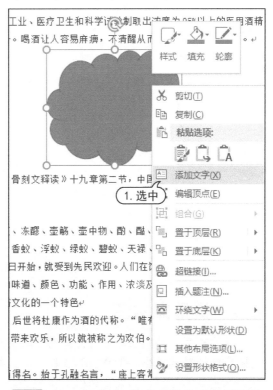

step 5　输入文字后，单击并按住形状图形边框的控制点调整形状图形的大小。

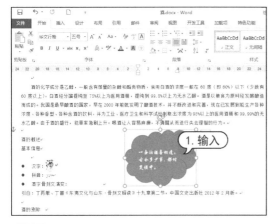

step 6 右击形状图形，在弹出的菜单中选择【其他布局选项】命令，打开【布局】对话框，打开【文字环绕】选项卡，选中【浮于文字上方】选项后，单击【确定】按钮。

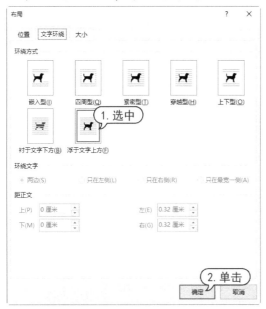

step 7 选中形状图形，并按住拖动其在文档中的位置。

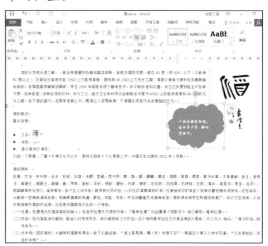

step 8 选择【格式】选项卡，然后在【形状样式】组中单击【其他】按钮，在弹出的下拉列表中选择一种样式，修改形状图形的样式。

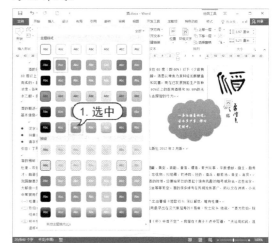

4.6 使用文本框

　　文本框是一种图形对象，它作为存放文本或图形的容器，可置于页面中的任何位置，并可随意地调整其大小。在 Word 2016 中，文本框用来建立特殊的文本，并且可以对其进行一些特殊格式的处理，如设置边框、颜色等。

4.6.1 插入内置文本框

　　Word 2016 提供了多种内置文本框，如简单文本框、边线型提要栏和大括号型引述等。通过插入这些内置文本框，可快速制作出优秀的文档。

　　打开【插入】选项卡，在【文本】组中单击【文本框】下拉按钮，从弹出的列表框中选择一种内置的文本框样式，即可快速地将其插入文档的指定位置。

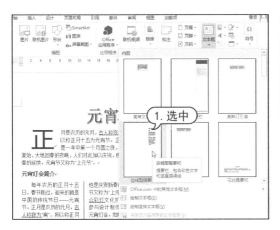

将鼠标指针插入文本框中,即可在其中输入文本内容。

4.6.2　绘制文本框

除了可以通过内置的文本框插入文本框外,在 Word 2016 中还可以根据需要手动绘制横排或竖排文本框。该文本框主要用于插入图片和文本等。

打开【插入】选项卡,在【文本】组中单击【文本框】按钮,从弹出的下拉菜单中选择【绘制文本框】或【绘制竖排文本框】命令。当鼠标指针变为十字形状时,在文档的适当位置单击并拖动到目标位置,释放鼠标,即可绘制出以拖动的起始位置和终止位置为对角顶点的文本框。

绘制文本框后,自动打开【绘图工具】的【格式】选项卡,使用该选项卡中的相应工具按钮,可以设置文本框的各种效果。

【例 4-11】在"酒"文档中,绘制并设置文本框。

视频+素材 (素材文件\第 04 章\例 4-11)

step 1 启动 Word 2016 应用程序,打开"酒"文档。选择【插入】选项卡,在【文本】组中单击【文本框】按钮,从弹出的下拉菜单中选择【绘制文本框】命令。

step 2 将鼠标移动到合适的位置,当鼠标指针变成十字形时,拖动鼠标指针绘制横排文本框。

step 3 在文本框的插入点处输入文本。

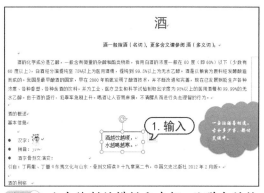

step 4 右击绘制的横排文本框，从弹出的快捷菜单中选择【设置形状格式】命令。

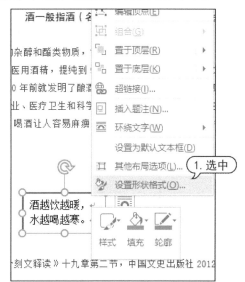

step 5 在打开的【设置形状格式】窗格中选择【形状选项】选项卡，然后在该选项卡中单击【填充与线条】按钮，可以在显示的选项区域中设置文本框的填充效果。

step 6 在【形状选项】选项卡中单击【效果】

按钮，可在打开的选项区域中设置文本框的特殊效果，例如阴影、发光等。

step 7 在【形状选项】选项卡中单击【布局属性】按钮，可以在打开的选项区域中设置文本框的布局方式。

step 8 打开【格式】选项卡，在形状样式中选择一种样式，使文本框套用该样式。

4.7　案例演练

本章的案例演练部分是制作商场代金券这个实例操作，用户通过练习从而巩固本章所学知识。

【例 4-12】制作一个名为"商场代金券"的文档。

视频+素材 (素材文件\第 04 章\例 4-12)

step① 启动 Word 2016 应用程序，新建一个空白文档，并将其以"商场代金券"为名保存。

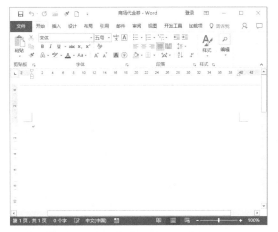

step② 打开【插入】选项卡，在【插图】组中单击【形状】按钮，从弹出菜单的【矩形】选项区域中单击【矩形】按钮。

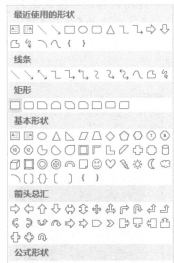

step③ 将鼠标指针移至文档中，当鼠标指针变为十字形时，开始绘制矩形。

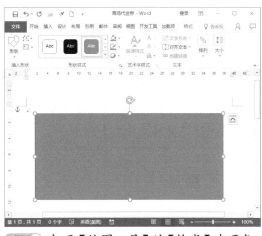

step④ 打开【绘图工具】的【格式】选项卡，在【大小】组中设置形状的【高度】为"7厘米"，【宽度】为"16厘米"。

step⑤ 在【形状样式】组中单击【形状填充】按钮，从弹出的菜单中选择【图片】命令，打开【插入图片】界面，在【来自文件】栏中单击【浏览】按钮。

step⑥ 打开【插入图片】对话框，选择【背景】图片，单击【插入】按钮。

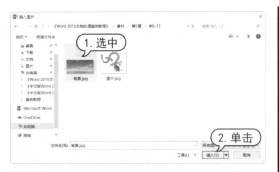

step 7 将选中的图片填充到矩形中，在【形状样式】组中单击【形状轮廓】按钮，从弹出的菜单中选择【无轮廓】命令。

step 10 拖动鼠标调整图片的大小和位置。

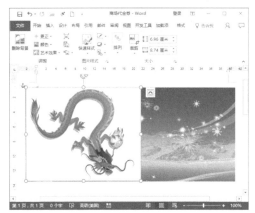

step 8 将插入点定位在文档开始处，打开【插入】选项卡，在【插图】组中单击【图片】按钮，打开【插入图片】对话框，选择图片，单击【插入】按钮。

step 11 在【格式】选项卡的【调整】组中，单击【删除背景】按钮，进入【背景消除】编辑状态，拖动鼠标选中要删除的部位，在【背景消除】选项卡的【优化】组中单击【标记要保留的区域】按钮，在要保留的区域中单击标记。

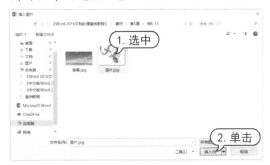

step 9 选中图片，打开【图片工具】的【格式】选项卡，在【排列】组中单击【环绕文字】下拉按钮，从弹出的菜单中选择【浮于文字上方】命令，为图片设置环绕方式。

step 12　在【关闭】组中单击【保留更改】按钮，完成删除图片背景的操作，此时效果如下图所示。

step 13　打开【插入】选项卡，在【文本】组中单击【艺术字】按钮，从弹出的列表框中选择一种艺术字样式，即可在文档中插入艺术字。

step 14　在艺术字文本框中输入文本，设置字体为【方正粗活意简体】，字号为【小初】，然后拖动鼠标调节其位置。

step 15　打开【插入】选项卡，在【文本】组中单击【艺术字】按钮，从弹出的列表框中选择一种艺术字样式，在文档中插入艺术字。

step 16　在艺术字文本框中输入文本，设置字体为【方正粗倩简体】，数字字号为 72，文本字号为【初号】，并将其移动到合适的位置。

step⑰ 打开【插入】选项卡，在【文本】组中单击【文本框】按钮，从弹出的菜单中选择【绘制文本框】命令。

step⑱ 拖动鼠标在矩形中绘制横排文本框，并输入文本内容。

step⑲ 右击选中的文本框，从弹出的快捷菜单中选择【设置形状格式】命令，打开【设置形状格式】窗格，打开【填充】选项区域，选中【无填充】单选按钮；打开【线条】选项区域，选中【无线条】单选按钮。

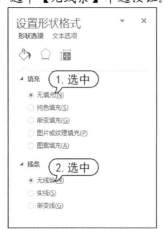

step⑳ 选中文本框中的文本，设置其字体为【华文行楷】，字号为【五号】，字体颜色为【白色，背景1】。

step㉑ 在【开始】选项卡的【段落】组中单击【项目符号】下拉按钮，从弹出的列表框中选择一种星形，为文本框中的文本添加项目符号。

第 5 章

Word 高级排版操作

为了提高文档的编辑效率，创建具有特殊版式的文档，Word 2016 提供了许多便捷的操作方式及管理工具来优化文档的格式编排，本章将主要介绍 Word 2016 的页面设置、编辑长文档、特殊排版等内容。

 **本章对应视频**

5.1 设置页面格式

在处理 Word 文档的过程中，为了使文档页面更加美观，用户可以根据需求规范文档的页面，如设置页边距、纸张大小、文档网格等，从而制作出一个要求较为严格的文档版面。

5.1.1 设置页边距

页边距就是页面上打印区域之外的空白空间。设置页边距，包括调整上、下、左、右边距，调整装订线的距离和纸张的方向。

打开【布局】选项卡，在【页面设置】组中单击【页边距】按钮，从弹出的下拉列表框中选择页边距样式，即可快速为页面应用该页边距样式。

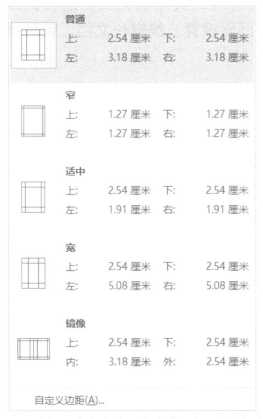

选择【自定义边距】命令，打开【页面设置】对话框的【页边距】选项卡。在其中可以精确设置页面边距。此外 Word 2016 还提供了添加装订线功能，使用该功能可以为页面设置装订线，以便日后装订长文档。

【例 5-1】设置"拉面"文档的页边距和装订线。

视频+素材 (素材文件\第 05 章\例 5-1)

step 1 启动 Word 2016 应用程序，打开"拉面"文档。

step 2 打开【布局】选项卡，在【页面设置】组中单击【页边距】按钮，选择【自定义边距】命令。打开【页面设置】对话框，打开【页边距】选项卡，在【页边距】选项区域中的【上】【下】【左】【右】微调框中依次输入"4 厘米""4 厘米""3 厘米"和"3 厘米"。在【装订线】微调框中输入"1.5 厘米"；在【装订线位置】下拉列表框中选择【上】选项，在【页面设置】对话框中单击【确定】按钮完成设置。

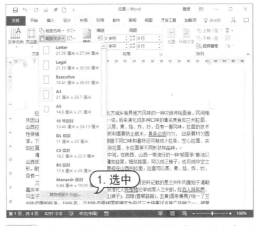

step ③ 在打开的【页面设置】对话框中打开【纸张】选项卡，在【纸张大小】下拉列表框中选择【自定义大小】选项，在【宽度】和【高度】微调框中分别输入"20 厘米"和"30 厘米"，单击【确定】按钮完成设置。

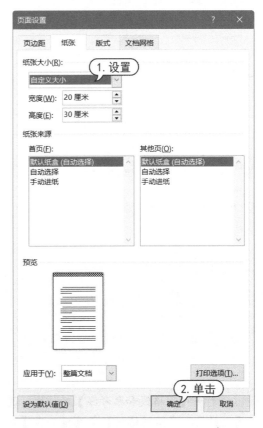

5.1.2 设置纸张大小

在 Word 2016 中，默认的页面方向为纵向，其大小为 A4。在制作某些特殊文档(如名片、贺卡)时，为了满足文档的需要可对其页面大小和方向进行更改。在【页面设置】组中单击【纸张大小】按钮，在弹出的下拉列表中选择设定的规格选项即可快速设置纸张大小。

【例 5-2】设置"拉面"文档的纸张大小。
⦿ 视频+素材 (素材文件\第 05 章\例 5-2)

step ① 启动 Word 2016 应用程序，打开"拉面"文档。

step ② 打开【布局】选项卡，在【页面设置】组中单击【纸张大小】按钮，从弹出的下拉菜单中选择【其他纸张大小】命令。

5.1.3 设置文档网格

文档网格用于设置文档中文字排列的

方向、每页的行数、每行的字数等内容。

【例5-3】 在"拉面"文档中设置文档网格。

📹 **视频+素材** (素材文件\第05章\例5-3)

step① 启动 Word 2016 应用程序，打开"拉面"文档。

step② 打开【布局】选项卡，单击【页面设置】对话框启动器按钮 ，打开【页面设置】对话框，打开【文档网格】选项卡，在【文字排列】选项区域的【方向】中选中【水平】单选按钮；在【网格】选项区域中选中【指定行和字符网格】单选按钮；在【字符数】选项区域的【每行】微调框中输入"40"；在【行数】选项区域的【每页】微调框中输入"30"，然后单击【绘图网格】按钮。

step③ 打开【网格线和参考线】对话框，选中【在屏幕上显示网格线】复选框，在【水平间隔】文本框中输入"2"，单击【确定】按钮。

step④ 返回【页面设置】对话框，单击【确定】按钮，此时即可为文档应用所设置的文档网格，效果如下图所示。

💿 实用技巧

打开【视图】选项卡，在【显示】组中取消选中【网格线】复选框，即可隐藏页面中的网格线。

5.2　插入页眉、页脚和页码

页眉是版心上边缘和纸张边缘之间的图形或文字,页脚则是版心下边缘与纸张边缘之间的图形或文字。页码就是书籍每一页面上标明次序的号码或其他数字,用于统计书籍的面数,以便于读者阅读和检索。许多文稿,特别是比较正式的文稿都需要设置页眉、页脚和页码。

5.2.1　为首页创建页眉和页脚

页眉和页脚通常用于显示文档的附加信息,如页码、时间和日期、作者名称、单位名称、徽标和章节名称等内容。通常情况下,在书籍的章首页,需要创建独特的页眉和页脚。Word 2016 还提供了插入封面功能,用于说明文档的主要内容和特点。

【例 5-4】为 "拉面" 文档添加封面,并在封面首页中创建页眉和页脚。

📀 视频+素材 (素材文件\第 05 章\例 5-4)

step ① 启动 Word 2016 应用程序,打开 "拉面" 文档。

step ② 打开【插入】选项卡,在【页面】组中单击【封面】按钮,在弹出的列表框中选择【丝状】选项,插入基于该样式的封面。

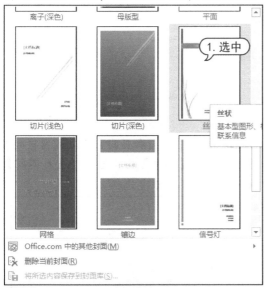

step ③ 在封面页的占位符中根据提示修改或添加文字。

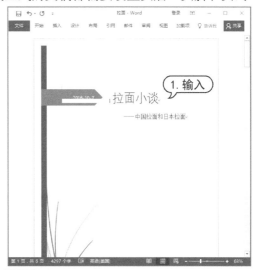

step ④ 打开【插入】选项卡,在【页眉和页脚】组中单击【页眉】按钮,在弹出的列表中选择【边线型】选项,插入该样式的页眉。

step ⑤ 在页眉处输入页眉文本,效果如下图所示。

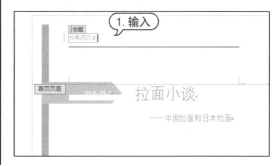

step 6 打开【插入】选项卡，在【页眉和页脚】组中单击【页脚】按钮，在弹出的列表中选择【奥斯汀】选项，插入该样式的页脚。

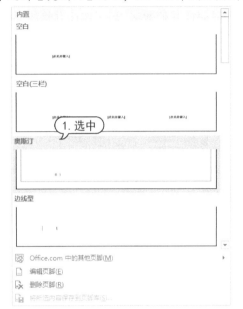

step 7 在页脚处删除首页页码，并输入文本，设置字体颜色为红色。

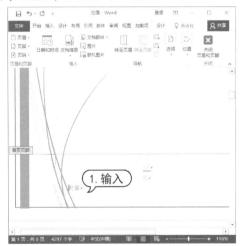

step 8 打开【页眉和页脚】工具的【设计】选项卡，在【关闭】组中单击【关闭页眉和页脚】按钮，完成页眉和页脚的添加。

step 9 在快速访问工具栏中单击【保存】按钮，保存文档。

5.2.2　为奇偶页创建页眉和页脚

书籍中奇偶页的页眉页脚通常是不同的。在 Word 2016 中，可以为文档中的奇偶页设计不同的页眉和页脚。

页眉和页脚的插入方法相似，下面用实例介绍页眉的插入方法。

【例 5-5】在"拉面"文档中为奇偶页创建不同的页眉。

🎬 视频+素材 (素材文件\第 05 章\例 5-5)

step 1 启动 Word 2016 应用程序，打开"拉面"文档。

step 2 打开【插入】选项卡，在【页眉和页脚】组中单击【页眉】按钮，选择【编辑页眉】命令，进入页眉和页脚编辑状态。

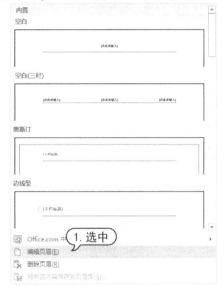

step 3 打开【页眉和页脚】工具的【设计】选项卡，在【选项】组中选中【首页不同】和【奇偶页不同】复选框。

step 4 在奇数页页眉区域中选中段落标记符，打开【开始】选项卡，在【段落】组中单击【边框】按钮，在弹出的菜单中选择【无

框线】命令，隐藏奇数页页眉的边框线。

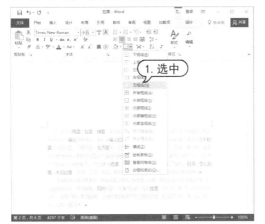

step 5 将光标定位在段落标记符上，输入文本，然后设置字体为【华文行楷】，字号为【小三】，字体颜色为【浅蓝】，文本右对齐显示。

step 6 将插入点定位在页眉文本右侧，打开【插入】选项卡，在【插图】组中单击【图片】按钮。

step 7 打开【插入图片】对话框。选择一张图片，单击【插入】按钮，将其插入奇数页的页眉处。

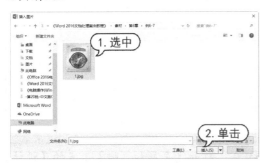

step 8 将该图片插入奇数页的页眉处，打开【图片工具】的【格式】选项卡，在【排列】组中单击【环绕文字】按钮，从弹出的菜单中选择【浮于文字上方】命令，为页眉图片设置环绕方式，拖动鼠标调节图片的大小和位置，效果如下图所示。

step 9 使用同样的方法，设置偶数页页眉的文本和图片。

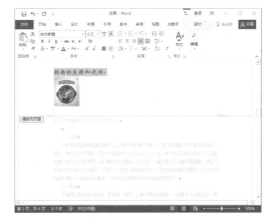

step 10 打开【页眉和页脚】工具的【设计】选项卡，在【关闭】组中单击【关闭页眉和页脚】按钮，完成奇偶页页眉的设置。

> 🖱️ **实用技巧**
>
> 　　添加页脚和添加页眉的方法一致，在【页眉和页脚】组中单击【页脚】下拉按钮，选择【编辑页脚】命令，进入页脚编辑状态进行添加。

5.2.3 插入页码

要插入页码，可以打开【插入】选项卡，在【页眉和页脚】组中单击【页码】按钮，从弹出的菜单中选择页码的位置和样式。

实用技巧

Word 中显示的动态页码的本质就是域，可以通过插入页码域的方式来直接插入页码，最简单的操作是将插入点定位在页眉或页脚区域中，按 Ctrl+F9 组合键，输入 PAGE，然后按 F9 键即可。

在文档中，如果需要使用不同于默认格式的页码，如 i 或 a 等，就需要对页码的格式进行设置。打开【插入】选项卡，在【页眉和页脚】组中单击【页码】按钮，在弹出的菜单中选择【设置页码格式】命令，打开【页码格式】对话框，在该对话框中可以进行页码的格式化设置。

【例 5-6】在"拉面"文档中创建页码，并设置页码格式。

视频+素材 (素材文件\第 05 章\例 5-6)

step 1 启动 Word 2016 应用程序，打开"拉面"文档。

step 2 将插入点定位在奇数页中，打开【插入】选项卡，在【页眉和页脚】组中，单击【页码】按钮，在弹出的菜单中选择【页面底端】命令，在【带有多种形状】类别框中选择【圆角矩形 1】选项。

step 3 此时在奇数页插入【圆角矩形 1】样式的页码。

step 4 将插入点定位在偶数页中，使用同样的方法，在页面底端中插入【圆角矩形 1】样式的页码。

step 5 打开【页眉和页脚】工具的【设计】

选项卡，在【页眉和页脚】组中单击【页码】按钮，从弹出的菜单中选择【设置页码格式】命令，打开【页码格式】对话框，在【编号格式】下拉列表框中选择【-1-,-2-,-3-,…】选项，单击【确定】按钮。

step 6 依次选中奇偶页页码中的数字，设置其字体颜色为黑色且居中对齐。

step 7 打开【页眉和页脚】工具的【设计】选项卡，在【关闭】组中单击【关闭页眉和页脚】按钮，退出页码编辑状态。

5.3　使用模板和样式

模板决定了文档的基本结构和文档设置。使用模板可以统一文档的风格，加快工作速度。样式就是字体格式和段落格式等特性的组合，在 Word 排版中使用样式可以快速提高工作效率，从而迅速改变和美化文档的外观。

5.3.1　使用模板

模板是"模板文件"的简称，实际上是一种具有特殊格式的 Word 文档。模板可以作为模型用于创建其他类似的文档，包括特定的字体格式、段落样式、页面设置、快捷键方案和宏等格式。Word 2016 提供了多种具有统一规格、统一框架的文档模板。

为了使文档更为美观，用户可创建自定义模板并应用于文档中。创建新的模板可以通过根据现有文档和根据现有模板两种创建方法来实现。

1. 根据现有文档创建模板

根据现有文档创建模板，是指打开一个已有的与需要创建的模板格式相近的 Word 文档，在对其进行编辑修改后，将其另存为一个模板文件。通俗地讲，当需要用到的文档设置包含在现有的文档中时，就可以以该文档为基础来创建模板。

首先打开一个素材文档，单击【文件】按钮，选择【另存为】命令，单击【浏览】按钮。打开【另存为】对话框，在【文件名】文本框中输入新的名称，在【保存类型】下拉列表框中选择【Word 模板】选项，单击【保存】按钮，此时该文档将以模板形式保存在【自定义 Office 模板】文件夹中。

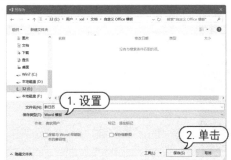

单击【文件】按钮，从弹出的菜单中选择【新建】命令，然后在【个人】选项中选择新建的模板选项，即可应用该模板创建文档。

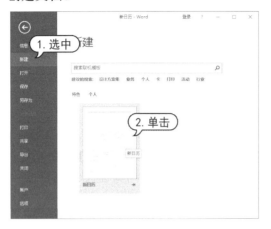

2. 根据现有模板创建模板

根据现有模板创建模板是指根据一个已有模板新建一个模板文件，再对其进行相应的修改后，将其保存。Word 2016 内置模板的自动图文集词条、字体、快捷键指定方案、宏、菜单、页面设置、特殊格式和样式设置基本符合要求，但还需要进行一些修改时，就可以以现有模板为基础来创建新模板。

【例 5-7】在"小学新闻稿"模板中输入文本，并将其创建为模板"中学新闻稿"。 📀 视频

step ① 启动 Word 2016，单击【文件】按钮，从弹出的菜单中选择【新建】命令，在模板中选择【小学新闻稿】选项。

step ② 弹出对话框，单击其中的【创建】按钮，将下载该模板。

step ③ 单击【文件】按钮，在弹出的菜单中选择【另存为】命令，单击【浏览】按钮，打开【另存为】对话框，在【文件名】文本框中输入"中学新闻稿"，在【保存类型】下拉列表框中选择【Word 模板】选项，单击【保存】按钮。

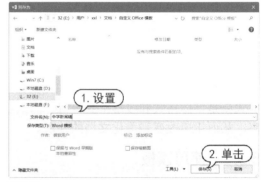

step ④ 此时即可成功创建模板，单击【文件】按钮，从弹出的菜单中选择【新建】命令，在【个人】选项里显示新建的模板。

5.3.2 使用样式

样式是应用于文档中的文本、表格和列表的一套格式特征。它是 Word 针对文档中一组格式进行的定义，这些格式包括字体、字号、字形、段落间距、行间距以及缩进量等内容，其作用是方便用户对重复的格式进行设置。

每个文档都基于一个特定的模板，每个模板中都会自带一些样式，又称为内置样式。如果需要应用的格式组合和某内置样式的定义相符，就可以直接应用该样式而不用新建文档的样式。如果内置样式中有部分样式定义和需要应用的样式不相符，还可以自定义该样式。

1. 选择样式

Word 2016 自带的样式库中，内置了多种样式，可以为文档中的文本设置标题、字体和背景等样式。使用这些样式可以快速地美化文档。

在 Word 2016 中，选择要应用某种内置样式的文本，打开【开始】选项卡，在【样式】组中单击【其他】按钮，可以在弹出的菜单中选择样式选项。

在【样式】组中单击对话框启动器按钮，将会打开【样式】任务窗格，在【样式】列表框中同样可以选择样式。

2. 修改样式

如果某些内置样式无法完全满足某组格式设置的要求，则可在内置样式的基础上进行修改。

【例 5-8】在"兴趣班培训"文档中修改样式。
◎ 视频+素材 (素材文件\第 05 章\例 5-8)

step 1 启动 Word 2016 应用程序，打开"兴趣班培训"文档，将插入点定位在任意一处带有【标题 2】样式的文本中，在【开始】选项卡的【样式】组中，单击对话框启动器按钮，打开【样式】任务窗格，单击【标题 2】样式右侧的箭头按钮，从弹出的快捷菜单中选择【修改】命令。

step 2 打开【修改样式】对话框，在【属性】选项区域的【样式基准】下拉列表框中选择【无样式】选项；在【格式】选项区域的【字体】下拉列表框中选择【华文楷体】选项，

在【字号】下拉列表框中选择【三号】选项，在【字体】颜色下拉面板中选择【白色，背景 1】色块，单击【格式】按钮，从弹出的快捷菜单中选择【段落】选项。

命令，打开【边框和底纹】对话框的【底纹】选项卡，在【填充】颜色面板中选择【水绿色，个性色 5，淡色 60%】色块，单击【确定】按钮。

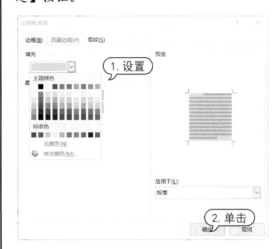

step 5 返回【修改样式】对话框，单击【确定】按钮。此时【标题 2】样式修改成功，并将自动应用到文档中。

step 3 打开【段落】对话框，在【间距】选项区域中，将段前、段后的距离均设置为"0.5 磅"，并且将行距设置为【最小值】，【设置值】为"16 磅"，单击【确定】按钮，完成段落设置。

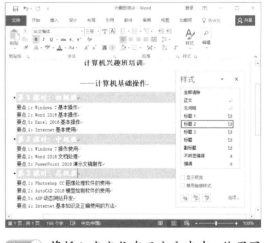

step 6 将插入点定位在正文文本中，使用同样的方法，修改【正文】样式，设置字体颜色为【深蓝】，字体格式为【华文新魏】，段落格式的行距为【固定值】、【12 磅】，此时修改后的【正文】样式自动应用到文档中。

实用技巧

如果多处文本要使用相同的样式，可在按 Ctrl 键的同时选取多处文本，在【样式】任务窗格中选择某样式，统一应用该样式。

step 4 返回【修改样式】对话框，单击【格式】按钮，从弹出的快捷菜单中选择【边框】

3. 新建样式

如果现有文档的内置样式与所需格式设置相去甚远，创建一个新样式将会更为便捷。在【样式】任务窗格中，单击【新建样式】按钮，打开【根据格式设置创建新样式】对话框。

在【名称】文本框中输入要新建的样式的名称；在【样式类型】下拉列表框中选择【字符】和【段落】选项；在【样式基准】下拉列表框中选择该样式的基准样式(所谓基准样式就是最基本或原始的样式，文档中的其他样式都以此为基础)；单击【格式】按钮，

可以为字符或段落设置格式。

> 🖰 **实用技巧**
>
> 要取消应用的样式，可在选取文本后，打开【开始】选项卡，在【样式】组中单击【其他】按钮，在弹出的菜单中选择【清除格式】命令即可。删除样式时，在【样式】任务窗格中，单击需要删除的样式旁的箭头按钮，在弹出的菜单中选择【删除】命令。

5.4　设置特殊版式

一般报刊都需要创建带有特殊效果的文档，需要配合使用一些特殊的排版方式。Word 2016 提供了多种特殊的排版方式，如竖排文本、首字下沉、分栏等。

5.4.1　竖排文本

古人写字都是以从右至左、从上至下的方式进行竖排书写，但现代人一般都以从左至右的方式书写文字。使用 Word 2016 的文字竖排功能，可以轻松输入竖排文本。

【例 5-9】新建"制茶"文档，对其中的文字进行竖排。

🔘 视频+素材 (素材文件\第 05 章\例 5-9)

step 1 启动 Word 2016 应用程序，新建一个名为"制茶"的文档，并在其中输入文本内容，然后按 Ctrl+A 组合键，选中所有文本，设置文本的字体为【华文楷体】，字号为【四号】。

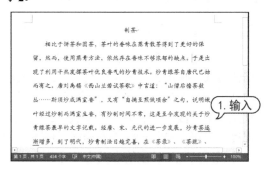

step 2 选中所有文字，然后选择【布局】选项卡，在【页面设置】组中单击【文字方向】按钮，在弹出的菜单中选择【垂直】命令。

step 3 此时，将以从上至下，从右到左的方式排列文字。

实用技巧

用户还可以选择【文字方向选项】命令，打开【文字方向】对话框，设置不同类型的竖排文字选项。

5.4.2 首字下沉

首字下沉是报刊中较为常用的一种文本修饰方式，使用该方式可以很好地改善文档的外观，使文档更引人注目。设置首字下沉，就是使第一段开头的第一个字放大。放大的程度用户可以自行设定，占据两行或者三行的位置，其他字符围绕在其右下方。

在 Word 2016 中，首字下沉共有两种不同的方式，一种是普通的下沉，另外一种是悬挂下沉。两种方式区别之处在于：【下沉】方式设置的下沉字符紧靠其他的文字；【悬挂】方式设置的字符则可以随意地移动其位置。

打开【插入】选项卡，在【文本】组中单击【首字下沉】按钮，在弹出的菜单中选择首字下沉样式。

或者选择【首字下沉选项】命令，将打开【首字下沉】对话框，在其中进行相关的首字下沉设置。

【例5-10】 将"制茶"文档正文第1段中的首字设置为首字下沉。

视频+素材 (素材文件\第05章\例5-10)

step 1 启动 Word 2016，打开"制茶"文档，并将鼠标指针插入正文第1段前。

step 2 选择【插入】选项卡，在【文本】组中单击【首字下沉】按钮，在弹出的菜单中选择【首字下沉选项】命令。

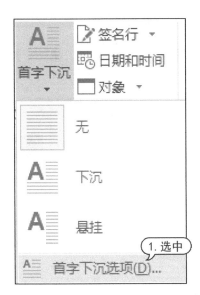

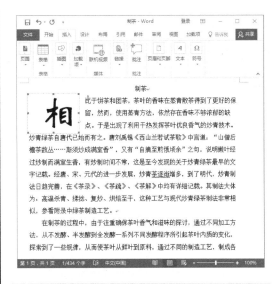

step 3 在打开的【首字下沉】对话框的【位置】选项区域中选择【下沉】选项，在【字体】下拉列表框中选择【华文新魏】选项，在【下沉行数】微调框中输入"3"，在【距正文】微调框中输入"0.5 厘米"，然后单击【确定】按钮。

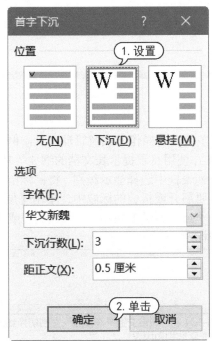

step 4 此时，正文第 1 段中的首字将以"华文新魏"字体下沉 3 行的形式显示。

5.4.3　设置分栏

　　分栏是指按实际排版需求将文本分成若干个条块，使版面更为美观。在阅读报刊时，常常会发现许多页面被分成多个栏目。这些栏目有的是等宽的，有的是不等宽的，使得整个页面布局显得错落有致，易于读者阅读。

　　Word 2016 具有分栏功能，用户可以把每一栏都视为一节，这样就可以对每一栏文本内容单独进行格式化和版面设计。

　　要为文档设置分栏，打开【页面布局】选项卡，在【页面设置】组中单击【分栏】按钮，在弹出的菜单中选择分栏选项。

　　在弹出的菜单中选择【更多分栏】命令，

打开【分栏】对话框，在其中进行相关分栏设置，如栏数、宽度、间距和分隔线等。

【例5-11】在"制茶"文档中，设置分两栏显示文本。

视频+素材 (素材文件\第05章\例5-11)

step ① 启动 Word 2016，打开"制茶"文档，选中文档中的第2段文本。

step ② 选择【布局】选项卡，在【页面设置】组中单击【分栏】按钮，在弹出的快捷菜单中选择【更多分栏】命令。

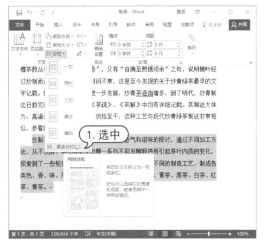

step ③ 在打开的【分栏】对话框中选择【两栏】选项，选中【栏宽相等】复选框和【分隔线】复选框，然后单击【确定】按钮。

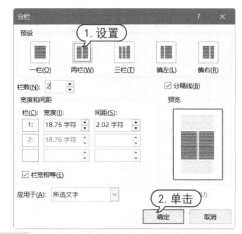

step ④ 此时选中的文本段落将以两栏的形式显示。

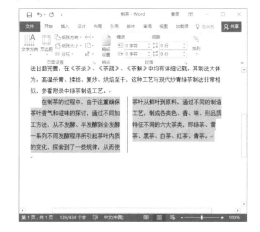

5.5 编辑长文档

对于书籍、手册等长文档，Word 2016 提供了许多便捷的操作方式及管理工具，例如，使用大纲视图方式查看和组织文档，使用书签定位文档，使用目录提示长文档的纲要等功能。

5.5.1 使用大纲视图

Word 2016 提供了一些长文档的排版与审阅功能。例如，使用大纲视图方式组织文档。

Word 2016 的"大纲视图"功能就是专门用于制作提纲的，其以缩进文档标题的形式代表在文档结构中的级别。

打开【视图】选项卡，在【文档视图】组中单击【大纲视图】按钮，就可以切换到大纲视图模式。此时，【大纲】选项卡出现在窗口中，在【大纲工具】组的【显示级别】

下拉列表框中选择显示级别；将鼠标指针定位在要展开或折叠的标题中，单击【展开】按钮 ✚ 或【折叠】按钮 ━，可以展开或折叠大纲标题。

【例5-12】将"城市交通乘车规则"文档切换到大纲视图查看结构和内容。

视频+素材 (素材文件\第05章\例5-12)

step ① 启动 Word 2016 应用程序，打开"城市交通乘车规则"文档，打开【视图】选项

卡，在【文档视图】组中单击【大纲视图】
按钮。

step 2 在【大纲】选项卡的【大纲工具】组
中，单击【显示级别】下拉按钮，在弹出的
下拉列表框中选择【2 级】选项，此时标题
2 以后的标题或正文文本都将被折叠。

step 3 将鼠标指针移至标题"三、违规行为
的处理规定"前的符号处双击，即可展开
其后的下属文本内容。

step 4 在【大纲工具】组的【显示级别】下
拉列表框中选择【所有级别】选项，此时将
显示所有的文档内容。

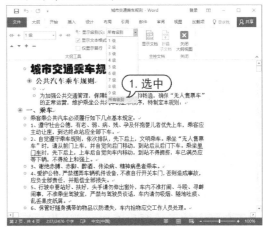

step 5 将鼠标指针移动到文本"公共汽车乘
车规则"前的符号⊕处，双击鼠标，该标题
下的文本被折叠。

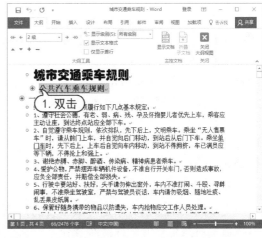

step 6 使用同样的方法，折叠其他段文本，
选中"公共汽车乘车规则"和"轨道交通乘
车规则"文本，在【大纲工具】组中单击【升
级】按钮 ← 将其提升至 1 级标题。

在创建的大纲视图中，可以对文档内容进行修改与调整。

1. 选择大纲的内容

在大纲视图模式下的选择操作是进行其他操作的前提和基础。选择的对象主要是标题和正文。

➤ 选择标题：如果仅仅选择一个标题，并不包括它的子标题和正文，可以将鼠标光标移至此标题的左端空白处，当鼠标光标变成一个斜向上的箭头形状时，单击即可选中该标题。

➤ 选择一个正文段落：如果要仅仅选择一个正文段落，可以将鼠标光标移至此段落的左端空白处，当鼠标光标变成一个斜向上箭头的形状时单击，或者单击此段落前的符号，选择该正文段落。

➤ 同时选择标题和正文：如果要选择一个标题及其所有的子标题和正文，就双击此标题前的符号；如果要选择多个连续的标题和段落，进行拖动选择即可。

2. 更改文本的大纲级别

文本的大纲级别并不是一成不变的，可以按需要对其进行升级或降级操作。

➤ 每按一次 Tab 键，标题就会降低一个级别；每按一次 Shift+Tab 键，标题就会提升一个级别。

➤ 在【大纲】选项卡的【大纲工具】组中单击【升级】按钮或【降级】按钮，对该标题实现层次级别的升或降；如果想要

将标题降级为正文，可单击【降级为正文】按钮；如果要将正文提升至标题 1，单击【提升至标题 1】按钮。

➤ 按下 Alt+Shift+←组合键，可将该标题的层次级别提高一级；按下 Alt+Shift+→组合键，可将该标题的层次级别降低一级。按下 Alt+Ctrl+1 或 Alt+Ctrl+2 或 Alt+Ctrl+3 键，可使该标题的级别达到 1 级或 2 级或 3 级。

➤ 用鼠标左键拖动符号或向左移或向右移来提高或降低标题的级别。首先将鼠标光标移到该标题前面的符号或，待光标变成四箭头形状后，进行拖动。在拖动的过程中，每当经过一个标题级别时，都有一条竖线和横线出现。如果想把该标题置于这样的标题级别，可在此时释放鼠标。

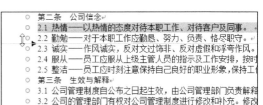

3. 移动大纲标题

在 Word 2016 中既可以移动特定的标题到另一位置，也可以连同该标题下的所有内容一起移动。可以一次只移动一个标题，也可以一次移动多个连续的标题。

要移动一个或多个标题，首先选择要移动的标题内容，然后在标题上按下并拖动鼠标右键，可以看到在拖动过程中，有一虚竖线跟着移动。移到目标位置后释放鼠标，这时将弹出快捷菜单，选择【移动到此位置】命令即可。

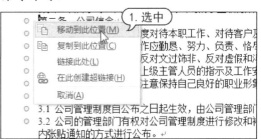

5.5.2　插入目录

目录与一篇文章的纲要类似，通过其可以了解全文的结构和整个文档所要讨论的内容。

Word 2016 具有自动提取目录的功能，用户可以很方便地为文档创建目录。

【例 5-13】在"城市交通乘车规则"文档中插入目录。

视频+素材 (素材文件\第 05 章\例 5-13)

step 1　启动 Word 2016 应用程序，打开"城市交通乘车规则"文档。

step 2　将插入点定位在文档的开始处，按 Enter 键换行，在其中输入文本"目录"。

step 3　按 Enter 键换行。使用格式刷将该行格式转换为正文部分格式，打开【引用】选项卡，在【目录】组中单击【目录】按钮，从弹出的菜单中选择【自定义目录】命令。

step 4　打开【目录】对话框的【目录】选项卡，在【显示级别】微调框中输入 2，单击【确定】按钮。

step 5　此时，即可在文档中插入一级和二级标题的目录。

实用技巧

插入目录后，只需按 Ctrl 键，再单击目录中的某个页码，就可以将插入点快速跳转到该页的标题处。创建完目录后，还可像编辑普通文本一样对其进行样式等设置。

5.5.3　添加书签

书签用于对文本加以标识和命名，帮助用户记录位置，从而使用户能快速地找到目标位置。在 Word 2016 中，书签与实际生活中提到的书签的作用相同，用于命名文档中指定的点或区域，以识别章、表格的开始处，或者定位需要工作的位置、离开的位置等。

在 Word 2016 中，可以在文档的指定区域中插入若干个书签标记，以方便查阅文档相关内容。

【例 5-14】在"城市交通乘车规则"文档中添加书签。

视频+素材 (素材文件\第 05 章\例 5-14)

step 1　启动 Word 2016 应用程序，打开"城市交通乘车规则"文档。

step 2　将插入点定位到第 1 页的"公共汽车乘车规则"之前，打开【插入】选项卡，在【链接】组中单击【书签】按钮。

step ③ 打开【书签】对话框，在【书签名】文本框中输入书签的名称"公交"，单击【添加】按钮，将该书签添加到书签列表框中。

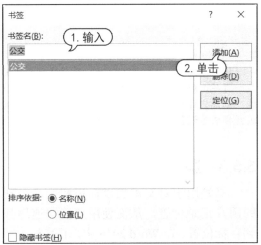

step ④ 单击【文件】按钮，在弹出的菜单中选择【选项】命令，打开【Word 选项】对话框，在左侧的列表框中选择【高级】选项，在打开的对话框的右侧列表的【显示文档内容】选项区域中，选中【显示书签】复选框，然后单击【确定】按钮。

step ⑤ 此时书签标记 I 将显示在标题"公共汽车乘车规则"之前。

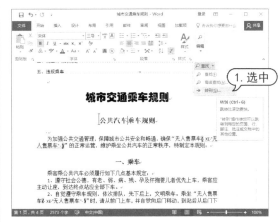

插入书签后，用户可以使用书签定位功能快速定位到书签位置。

打开【开始】选项卡，在【编辑】组中，单击【查找】下拉按钮，在弹出的菜单中选择【转到】命令。

打开【查找和替换】对话框，打开【定位】选项卡，在【定位目标】列表框中选择【书签】选项，在【请输入书签名称】下拉列表框中选择书签，单击【定位】按钮，此时自动定位到书签位置。

5.5.4 添加批注

批注是指审阅者给文档内容加上的注解或说明，或者是阐述批注者的观点。批注是附加到文档中的内容，在上级审批文件、老师批改作业时非常有用。

要插入批注，首先将插入点定位在要添加批注的位置或选中要添加批注的文本，打开【审阅】选项卡，在【批注】组中单击【新建批注】按钮，此时 Word 2016 会自动显示一个红色的批注框，用户在其中输入内容即可。

【例 5-15】在"城市交通乘车规则"文档中输入批注。

📹 视频+素材 (素材文件\第 05 章\例 5-15)

step 1 启动 Word 2016 应用程序，打开"城市交通乘车规则"文档。

step 2 选中"公共汽车乘车规则"下的文本"特制定本规则"，打开【审阅】选项卡，在【批注】组中单击【新建批注】按钮。

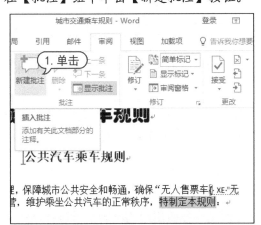

💡 **知识点滴**

在【审阅】选项卡的【批注】组中单击【上一条】按钮，将定位到上一条批注中；单击【下一条】按钮，将定位到文档的下一条批注中。

step 3 此时将在右边自动添加一个红色的批注框。

step 4 在该批注框中，输入批注文本。

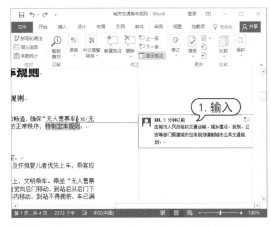

step 5 使用相同的方法，在其他段落的文本中添加批注。

5.5.5　添加修订

在审阅文档时，发现某些多余的内容或遗漏内容时，如果直接在文档中删除或修改，将不能看到原文档和修改后文档的对比情况。使用 Word 2016 的修订功能，可以将用户修改的每项操作以不同的颜色标识出来，方便用户进行对比和查看。

【例 5-16】在"城市交通乘车规则"文档中添加修订。

📹 视频+素材 (素材文件\第 05 章\例 5-16)

step 1 启动 Word 2016 应用程序，打开"城市交通乘车规则"文档。

step 2 打开【审阅】选项卡，在【修订】组中，单击【修订】按钮，进入修订状态。

step ③ 将文本插入点定位到开始处的文本"特制定本规则"的冒号标点后，按 Backspace 键，该标点上将添加删除线，文本仍以红色删除线形式显示在文档中；然后按句号键，输入句号标点，添加的句号下方将显示红色下画线，此时添加的句号也以蓝色显示。

> "无人售票车[XE "无特制定本规则。

step ④ 将文本插入点定位到"乘客乘公共汽车"文本后，输入文本"时"，再输入逗号标点，此时添加的文本以红色字体颜色显示，并且文本下方将显示红色下画线。

> 1. 输入   一、乘车
> 乘客乘公共汽车时，必须履行如下几点基本规定：
> 　　1、遵守社会公德，有老、弱、病、残、孕及怀抱主动让座，到达终点站应全部下车。
> 　　2、自觉遵守乘车规则，依次排队，先下后上，文

step ⑤ 在"轨道交通乘车规则"下的"三、携带物品"中，选中文本"加购"，然后输入文本"重新购买"，此时错误的文本上将添加红色删除线，修改后的文本下将显示红色下画线。

> 三、携带物品
> 　　乘客必须了解在轨道交通乘车时所能携带物品种类。
> 　　1、禁止携带易燃、易爆、剧毒、有放射性、味、无包装易碎、尖锐物品以及宠物等易造成车站
> 　　2、每位乘客可免费随身携带的物品重量、长度 1.6 米、0.15 立方米。乘客携带重量 10-20 公斤立方米的物品时，须加购重新购买同程车票一张，不得携带进站、乘车。

step ⑥ 当所有的修订工作完成后，单击【修订】组中的【修订】按钮，即可退出修订状态。

5.6 打印 Word 文档

完成 Word 文档的制作后，可以先对其进行打印预览，按照用户的不同需求进行修改和调整，然后对打印文档的页面范围、打印份数和纸张大小等参数进行设置，最后将文档打印出来。

5.6.1 预览文档

在打印文档前，如果希望预览打印效果，可以使用打印预览功能，利用该功能查看文档效果。打印预览的效果与实际上打印的真实效果非常相近，使用该功能可以避免打印失误和不必要的损失。另外，还可以在预览窗格中对文档进行编辑，以得到满意的效果。

在打印预览窗格中，可以执行如下操作。

> ➤ 查看文档的总页数，以及当前预览的页码。

> ➤ 可通过缩放比例工具设置适当的显示比例查看文档。

> ➤ 可以以单页、双页、多页等方式进行查看。

【例 5-17】预览"公司员工守则"文档，查看该文档的总页数和显示比例分别为 70%、25%、30% 和 14% 时的状态。

🔘 视频+素材 (素材文件\第 5 章\例 5-17)

step ① 启动 Word 2016 应用程序，打开"公司员工守则"文档。

step ② 单击【文件】按钮，选择【打印】命令，打开打印预览窗格，在窗格底端显示文档的总页数为 21 页，当前所在的第 1 页显示的是封面页，文档大小为 50%。

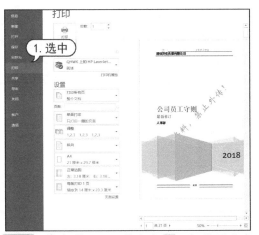

step ③ 单击【下一页】按钮▶，切换至文档的下一页，查看该页(即目录页)的整体效果。

step ④ 单击两下按钮+，将页面的显示比例调节到 70%的状态，查看该页中的内容。

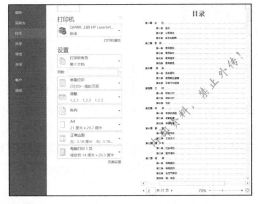

step ⑤ 单击【下一页】按钮▶，查看后面目录页的效果。

step ⑥ 在当前页文本框中输入 10，按 Enter键。此时，即可切换到第 10 页中查看该页中的文本内容。

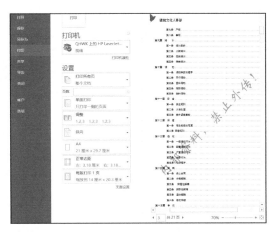

step ⑦ 在预览窗格的右侧上下拖动垂直滚动条，可逐页查看文本内容。

step ⑧ 在缩放比例工具中向左拖动滑块至25%，此时，文档将以 4 页方式显示在预览窗格中。

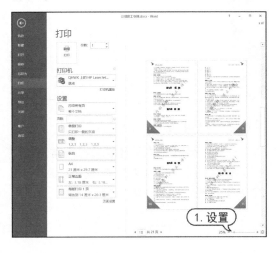

step 9 使用同样的方法，设置显示比例为30%，此时，将以双页方式来预览文档效果。

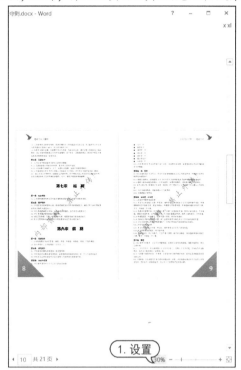

step 10 使用同样的方法，设置显示比例为14%，此时，将以多页方式来预览文档效果。

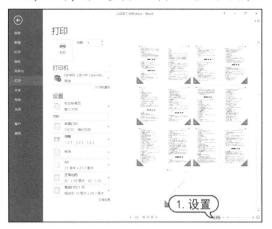

5.6.2 打印文档

如果一台打印机与计算机已正常连接，并且安装了所需的驱动程序，就可以在 Word 2016 中直接打印所需的文档。

在 Word 2016 文档中，单击【文件】按钮，在弹出的菜单中选择【打印】命令，在打开的【打印】窗格中可以设置打印份数、打印机属性、打印页数和双页打印等内容。

比如在【打印】窗格的【份数】微调框中输入"3"；在【打印机】列表框中自动显示默认的打印机，此处设置为 QHWK 上的 HP 打印机。

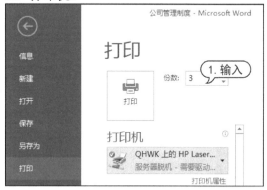

在【设置】选项区域的【打印所有页】下拉列表框中选择【自定义打印范围】选项，例如在其下的文本框中输入"3-19"，表示打印范围为第 3~19 页文档内容，单击【单面打印】下拉按钮，从弹出的下拉菜单中选择【手动双面打印】选项。

设置完打印参数后，单击【打印】按钮，即可开始打印文档。

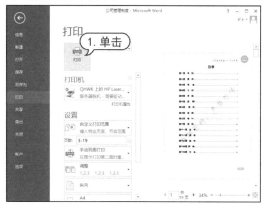

5.7　案例演练

本章的案例演练部分是添加页眉页脚这个实例操作，用户通过练习从而巩固本章所学知识。

【例 5-18】为"公司管理制度"文档添加封面、页眉、页脚等。

视频+素材 (素材文件\第 05 章\例 5-18)

step① 启动 Word 2016 应用程序，打开"公司管理制度"文档。

step② 打开【布局】选项卡，单击【页面设置】组中的对话框启动器按钮，打开【页面设置】对话框。

step③ 打开【页边距】选项卡，在【上】微调框中输入"2 厘米"，在【下】微调框中输入"2 厘米"，在【左】【右】微调框中分别输入"3 厘米"；在【装订线】微调框中输入"1 厘米"，在【装订线位置】列表框中选择【上】选项。

step④ 打开【纸张】选项卡，在【纸张大小】下拉列表框中选择【A4】选项，此时，在【宽

度】和【高度】文本框中将自动填充尺寸。

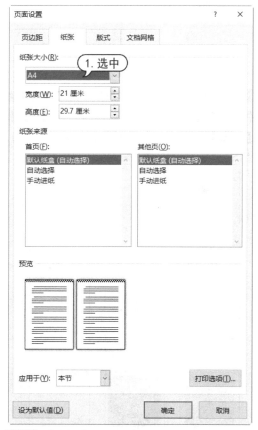

step⑤ 打开【版式】选项卡，在【页眉】和【页脚】微调框中输入 2 厘米，单击【确定】

按钮，完成页面设置。

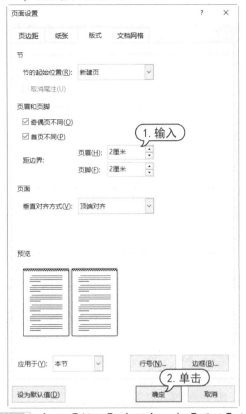

step 6 打开【插入】选项卡，在【页面】组中单击【封面】按钮，在弹出的列表框中选择【怀旧】选项，即可插入基于该样式的封面。

step 7 在封面页的占位符中根据提示修改或添加文字。

step 8 打开【插入】选项卡，在【页眉和页脚】组中单击【页眉】按钮，在弹出的列表中选择【边线型】选项，插入该样式的页眉。

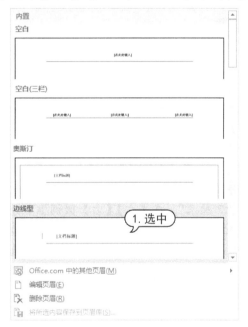

step 9 在页眉处输入页眉文本，效果如下图所示。

step 10 打开【插入】选项卡，在【页眉和页脚】组中单击【页脚】按钮，在弹出的列表中选择【奥斯汀】选项，插入该样式的页脚。

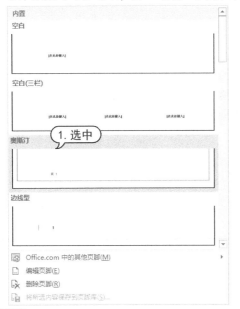

step 11 在页脚处删除首页页码，并输入文本，设置字体颜色为浅蓝色。完成封面页眉和页脚的设置。

step 12 打开【页眉和页脚】工具的【设计】选项卡，在【选项】组中选中【首页不同】和【奇偶页不同】复选框。

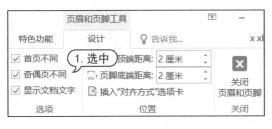

step 13 在奇数页页眉区域中选中段落标记符，打开【开始】选项卡，在【段落】组中单击【边框】按钮，在弹出的菜单中选择【无框线】命令，隐藏奇数页页眉的边框线。

step 14 将光标定位在段落标记符上，输入文字"公司管理制度——员工手册"，设置文字字体为【华文行楷】，字号为【小三】，字体颜色为橙色，文本右对齐显示。

step 15 将插入点定位在页眉文本右侧，打开【插入】选项卡，在【插图】组中单击【图片】按钮，打开【插入图片】对话框，选择一张图片，单击【插入】按钮。

step ⑯ 将该图片插入奇数页的页眉处,打开【图片工具】的【格式】选项卡,在【排列】组中单击【环绕文字】按钮,从弹出的菜单中选择【浮于文字上方】命令,为页眉图片设置环绕方式,拖动鼠标调节图片的大小和位置,效果如下图所示。

step ⑰ 使用同样的方法,设置偶数页的页眉文本和图片。

step ⑱ 打开【页眉和页脚】工具的【设计】选项卡,在【关闭】组中单击【关闭页眉和页脚】按钮,完成奇偶页页眉的设置。

第6章

Excel 2016 办公基础

　　Excel 2016 是目前最强大的电子表格制作软件之一，它具有强大的数据组织、计算、分析和统计功能，其中工作簿、工作表和单元格是构成 Excel 的支架。本章将介绍 Excel 构成部分的基本操作以及表格输入等内容。

本章对应视频

6.1 Excel 的基本对象

Excel 2016 的基本对象包括工作簿、工作表与单元格，它们是构成 Excel 2016 的支架，本节将详细介绍工作簿、工作表、单元格以及它们之间的关系。

6.1.1 工作簿

工作簿是 Excel 用来处理和存储数据的文件。新建的 Excel 文件就是一个工作簿，它可以由一个或多个工作表组成。实质上，工作簿是工作表的一个容器。在 Excel 2016 中创建空白工作簿后，系统会打开一个名为【工作簿 1】的工作簿。

6.1.2 工作表

工作表是在 Excel 中用于存储和处理数据的主要文档，也是工作簿中的重要组成部分，又称为电子表格。

在 Excel 2016 中，用户可以通过单击 ⊕ 按钮，创建工作表。

6.1.3 单元格

单元格是工作表中的最基本单位，对数据的操作都是在单元格中完成的。单元格的位置由行号和列标来确定，每一行的行号由 1、2、3 等数字表示；每一列的列标由 A、B、C 等字母表示。行与列的交叉形成一个单元格。

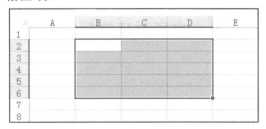

单元格区域是一组被选中的相邻或分离的单元格。单元格区域被选中后，所选范围内的单元格都会高亮度显示，取消选中状态后又恢复原样。如下图所示为 B2:D6 单元格区域。

工作簿、工作表与单元格之间的关系是包含与被包含的关系，即工作表由多个单元格组成，而工作簿又包含一个或多个工作表。

为了能够使用户更加明白工作簿和工作表的含义，可以把工作簿看成是一本书，一本书是由若干页组成的，同样，一个工作簿也是由许多"页"组成。在 Excel 2016 中，

把"书"称为工作簿,把"页"称为工作表 (Sheet)。首次启动 Excel 2016 时,系统默认

的工作簿名称为"工作簿 1",并且显示它的第一个工作表(Sheet1)。

6.2　操作工作簿

在 Excel 中,用于存储并处理工作数据的文件称为工作簿,它是用户执行 Excel 操作的主要对象和载体。熟练掌握工作簿的相关操作,不仅可以在工作中确保表格中的数据被正确地创建、打开、保存和关闭,还可以在出现特殊情况时帮助我们快速恢复数据。

6.2.1　新建工作簿

Excel 2016 可以直接创建空白的工作簿,也可以根据模板来创建带有样式的新工作簿。

1. 创建空白工作簿

启动 Excel 2016 后,单击【文件】按钮,在打开的界面中选中【新建】选项,然后选择界面中的【空白工作簿】选项,即可创建一个空白工作簿。

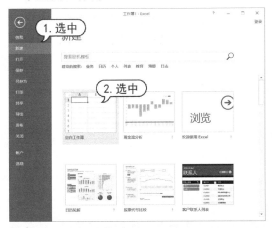

2. 使用模板新建工作簿

在 Excel 2016 中,除了新建空白工作簿以外,用户还可以通过软件自带的模板创建有"内容"的工作簿,从而大幅度地提高工作效率和速度。

【例 6-1】使用 Excel 2016 自带的模板创建新的工作簿。

step① 启动 Excel 2016,单击【文件】按钮,然后在打开的界面中选中【新建】选项,

在【主页】文本框中输入文本"预算"并按下 Enter 键。

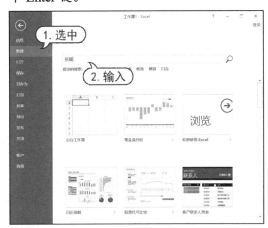

step② Excel 2016 软件将通过 Internet 自动搜索与文本"预算"相关的模板,将搜索结果显示在【新建】选项区域中。此时可以在模板搜索结果列表中选择一个模板选项。

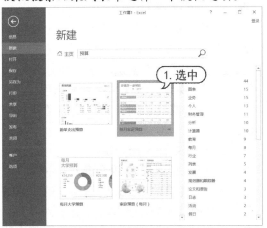

step③ 然后在打开的对话框中单击【创建】按钮,开始联网下载该模板。

step④ 下载模板完毕，创建相应的工作簿。

6.2.2 保存工作簿

当用户需要将工作簿保存在计算机硬盘中时，可以参考以下几种方法：

➤ 选择【文件】选项卡，在打开的菜单中选择【保存】或【另存为】选项。

➤ 单击快速访问工具栏中的【保存】按钮圖。

➤ 按下 Ctrl+S 组合键。

➤ 按下 Shift+F12 组合键。

此外，经过编辑却未经过保存的工作簿在被关闭时，将自动弹出一个警告对话框，询问用户是否需要保存工作簿，单击其中的【保存】按钮，也可以保存当前工作簿。

Excel 中有两个和保存功能相关的菜单命令，分别是【保存】和【另存为】，这两个命令有以下区别：

➤ 执行【保存】命令不会打开【另存为】对话框，而是直接将编辑后的数据保存到当前工作簿中。保存后的工作簿在文件名、存放路径上不会发生任何改变。

➤ 执行【另存为】命令后，将会打开【另存为】对话框，允许用户重新设置工作簿的存放路径、文件名并设置保存选项。

在计算机出现死机等意外情况时，Excel中的数据可能会丢失。此时，如果使用"自动保存"功能可以减少损失。

step① 在【文件】选项卡左下角单击【选项】选项，打开【Excel 选项】对话框，选择对话框左侧的【保存】选项卡。

step② 在对话框右侧的【保存工作簿】选项区域中选中【保存自动恢复信息时间间隔】复选框(默认为选中状态)，即可启用"自动保存"功能。在右侧的文本框中输入 10，可以设置 Excel 自动保存的时间为 10 分钟。

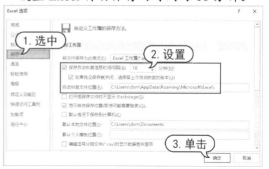

step③ 选中【如果我没保存就关闭，请保留上次自动恢复的版本】复选框，在下方的【自动恢复文件位置】文本框中输入保存工作簿的位置。

step④ 最后，单击【确定】按钮，关闭【Excel 选项】对话框。

6.2.3 打开和关闭工作簿

经过保存的工作簿在计算机磁盘上形成文件后，用户使用标准的电脑文件管理操作方法就可以对工作簿文件进行管理，例如复制、剪切、删除、移动、重命名等。无论工作簿被保存在何处，或者被复制到不同的计算机中，只要所在的计算机中安装有Excel软件，工作簿文件就可以被再次打开执行读取和编辑等操作。

在 Excel 2016 中，打开工作簿的方法如下。

▶ 双击 Excel 文件打开工作簿：找到工作簿的保存位置，直接双击其文件图标，Excel 软件将自动识别并打开该工作簿。

▶ 使用【最近使用的工作簿】列表打开工作簿：在 Excel 2016 中单击【文件】按钮，在打开的【打开】选项区域中单击一个最近打开过的工作簿文件。

▶ 通过【打开】对话框打开工作簿：在 Excel 2016 中单击【文件】按钮，在打开的【打开】选项区域中单击【浏览】按钮，打开【打开】对话框，在该对话框中选中一个 Excel 文件后，单击【打开】按钮即可。

在完成工作簿的编辑、修改及保存后，需要将工作簿关闭，以便下次再进行操作。在 Excel 2016 中关闭工作簿的方法有以下几种。

▶ 单击【关闭】按钮⊠：单击标题栏右侧的⊠按钮，将直接退出 Excel 软件。

▶ 按下快捷键：按下 Alt+F4 组合键将强制关闭所有工作簿并退出 Excel 软件。按下 Alt+空格组合键，在弹出的菜单中选择【关闭】命令，将关闭当前工作簿。

▶ 单击【文件】按钮，在弹出的菜单中选择【关闭】命令。

6.2.4　隐藏工作簿

在 Excel 中同时打开多个工作簿时，Windows 系统的任务栏上将会显示所有的工作簿标签。此时，用户若在 Excel 功能区中选择【视图】选项卡，单击【窗口】组

中的【切换窗口】下拉按钮，在弹出的下拉列表中可以查看所有被打开的工作簿列表。

如果用户需要隐藏某个已经打开的工作簿，可在选中该工作簿后，选择【视图】选项卡，在【窗口】组中单击【隐藏】按钮。

隐藏后的工作簿并没有退出或关闭，而是继续驻留在 Excel 中，但无法通过正常的窗口切换方法来显示。

如果用户需要取消工作簿的隐藏，可以在【视图】选项卡的【窗口】组中单击【取消隐藏】按钮，打开【取消隐藏】对话框，选择需要取消隐藏的工作簿名称后，单击【确定】按钮。

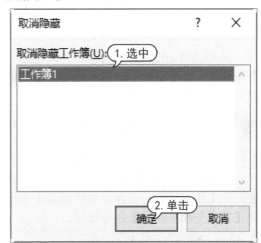

执行取消隐藏工作簿操作，一次只能取消一个隐藏的工作簿，不能一次性对多个隐藏的工作簿同时操作。如果用户需要对多个工作簿取消隐藏，可以在执行一次取消隐藏操作后，按下 F4 键重复执行。

6.3 操作工作表

在 Excel 中，工作表的相关操作很多，在实际工作中比较常用的操作有选定、插入、移动和复制工作表等。

6.3.1 选定工作表

由于一个工作簿中往往包含多个工作表，因此操作前需要选定工作表。选定工作表的常用操作包括以下几种。

➢ 选定一个工作表：直接单击该工作表的标签即可。

➢ 选定相邻的工作表：首先选定第一个工作表标签，然后按住 Shift 键不放并单击其他相邻工作表的标签即可。

➢ 选定不相邻的工作表：首先选定第一个工作表，然后按住 Ctrl 键不放并单击其他任意一个工作表标签即可。

➢ 选定工作簿中的所有工作表：右击任意一个工作表标签，在弹出的快捷菜单中选择【选定全部工作表】命令即可。

6.3.2 插入工作表

如果工作簿中的工作表数量不够，用户可以在工作簿中插入工作表，插入工作表的常用操作包括以下几种。

➢ 使用右键快捷菜单：选定当前活动工作表，将光标指向该工作表标签，然后单击鼠标右键，在弹出的快捷菜单中选择【插入】命令，打开【插入】对话框，在对话框的【常用】选项卡中选择【工作表】选项，并单击【确定】按钮。

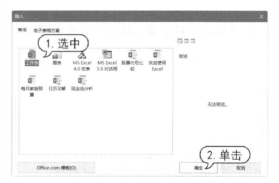

➢ 单击【插入工作表】按钮：工作表切换标签的右侧有一个【新工作表】按钮⊕，单击该按钮可以快速插入工作表。

➢ 选择功能区中的命令：选择【开始】选项卡，在【单元格】组中单击【插入】下拉按钮，在弹出的菜单中选择【插入工作表】命令，即可插入工作表(插入的新工作表位于当前工作表左侧)。

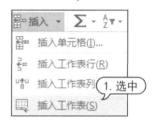

6.3.3　重命名工作表

在 Excel 中，工作表的默认名称为 Sheet1、Sheet2……。为了便于记忆与使用工作表，可以重命名工作表。在 Excel 2016 中右击要重命名工作表的标签，在弹出的快捷菜单中选择【重命名】命令，即可为该工作表自定义名称。

例如在工作表标签中单击选定 Sheet1 工作表，然后右击鼠标，在弹出的快捷菜单中选择【重命名】命令。

输入工作表名称"春季"，按 Enter 键即可完成重命名工作表的操作。

6.3.4　移动和复制工作表

在 Excel 2016 中，工作表的位置并不是固定不变的，为了操作需要可以移动或复制工作表，以提高制作表格的效率。

在同一工作簿内移动或复制工作表的操作方法非常简单，只需选定要移动的工作表，然后沿工作表标签行拖动选定的工作表标签即可；如果要在当前工作簿中复制工作表，只需在按住 Ctrl 键的同时拖动工作表，并在目的地释放鼠标，然后松开 Ctrl 键即可。

在工作簿间移动或复制工作表同样可以通过在工作簿内移动或复制工作表的方法来实现，不过这种方法要求源工作簿和目标工作簿均为打开状态。

【例 6-2】将现有的"人事档案"工作簿中的"销售情况"工作表移动到"新建档案"工作簿中。

📹 视频+素材　(素材文件\第 06 章\例 6-2)

step 1　启动 Excel 2016 程序，同时打开"新建档案"和"人事档案"工作簿后，在"人事档案"工作簿选中"销售情况"工作表。

step 2　在【开始】选项卡的【单元格】组中单击【格式】按钮，在弹出的菜单中选择【移动或复制工作表】命令。

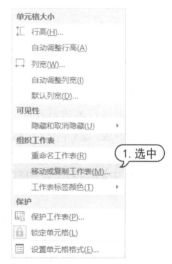

step 3　在打开的【移动或复制工作表】对话框中，单击【工作簿】下拉列表框按钮，在弹出的下拉列表中选择【新建档案.xlsx】选项，然后在【下列选定工作表之前】列表框中选择 Sheet1 选项，并单击【确定】按钮。

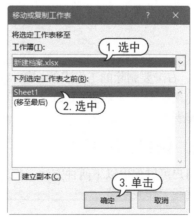

step④ 此时，"人事档案"工作簿中的"销售情况"工作表将会移动至"新建档案"工作簿的 Sheet1 工作表之前。

6.3.5 删除工作表

对工作表进行编辑操作时，可以删除一些多余的工作表。这样不仅可以方便用户对工作表进行管理，也可以节省系统资源。在 Excel 2016 中删除工作表的常用方法如下所示：

> 在工作簿中选定要删除的工作表，在【开始】选项卡的【单元格】组中单击【删除】下拉按钮，在弹出的下拉列表中选择【删除工作表】命令即可。

> 右击要删除的工作表的标签，在弹出的快捷菜单中选择【删除】命令，即可删除该工作表。

6.3.6 隐藏工作表

用户可以使用以下两种方法，将工作簿中的某些工作表隐藏。

> 选择【开始】选项卡，在【单元格】组中单击【格式】按钮，在弹出的菜单中选择【隐藏和取消隐藏】|【隐藏工作表】命令。

> 右击工作表标签，在弹出的快捷菜单中选择【隐藏】命令。

工作表被隐藏后，若用户需要取消其隐藏状态，可以参考以下几种方法。

> 选择【开始】选项卡，在【单元格】组中单击【格式】按钮，在弹出的列表中选择【隐藏和取消隐藏】|【取消隐藏工作表】选项，在打开的【取消隐藏】对话框中选择需要取消隐藏的工作表后，单击【确定】按钮。

> 在工作表标签上右击鼠标，在弹出的快捷菜单中选择【取消隐藏】命令，然后在打开的【取消隐藏】对话框中选择需要取消隐藏的工作表，并单击【确定】按钮。

在 Excel 中设置取消隐藏工作表操作时，应注意以下几点：

> Excel 无法一次性对多个工作表取消隐藏。

> 如果没有隐藏的工作表，则右击工作表标签后，【取消隐藏】命令为灰色不可用状态。

> 工作表的隐藏操作不会改变工作表的排列顺序。

6.4　操作单元格

单元格是工作表的基本单位,在 Excel 中,绝大多数的操作都是针对单元格来完成的。对单元格的操作主要包括单元格的选定、合并与拆分单元格等。

6.4.1　选定单元格

在 Excel 工作表中选取区域后,可以对区域内所包含的所有单元格同时执行相关命令操作,如输入数据、复制、粘贴、删除、设置单元格格式等。选取目标区域后,在其中总是包含了一个活动单元格。工作窗口名称框显示的是当前活动单元格的地址,编辑栏所显示的也是当前活动单元格中的内容。

活动单元格与区域中的其他单元格显示风格不同,区域中所包含的其他单元格会加亮显示,而当前活动单元格还是保持正常显示,以此来标识活动单元格的位置。

活动单元格

选定一个单元格区域后,区域中包含的单元格所在的行列标签也会显示出不同的颜色,如上图中的 B~F 列和 2~7 行标签所示。

要在表格中选中连续的单元格,可以使用以下几种方法:

▶ 选定一个单元格,按住鼠标左键直接在工作表中拖动来选取相邻的连续区域。

▶ 选定一个单元格,按下 Shift 键,然后使用方向键在工作表中选择相邻的连续区域。

▶ 选定一个单元格,按下 F8 键,进入"扩展"模式,此时再用鼠标单击一个单元格时,则会选中该单元格与前面选中单元格之间所构成的连续区域,如下图所示。完成后再次按下 F8 键,则可以取消"扩展"模式。

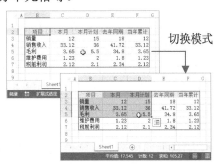

切换模式

▶ 在工作窗口的名称框中直接输入区域地址,例如 B2:F7,按下回车键确认后,即可选取并定位到目标区域。此方法可适用于选取隐藏行列中所包含的区域。

▶ 在【开始】选项卡的【编辑】组中单击【查找和选择】下拉按钮,在弹出的下拉列表中选择【转到】命令,或者在键盘上按下 F5 键,在打开的【定位】对话框的【引用位置】文本框中输入目标区域地址,单击【确定】按钮即可选取并定位到目标区域。该方法可以适用于选取隐藏行列中所包含的区域。

选取连续的区域时,鼠标或者键盘第一个选定的单元格就是选定区域中的活动单元格;如果使用名称框或者定位窗口选定区域,则所选区域的左上角单元格就是选定区域中的活动单元格。

在表格中选择不连续单元格区域的方法,与选择连续单元格区域的方法类似,具体如下。

▶ 选定一个单元格,按下 Ctrl 键,然后使用鼠标左键单击或者拖动选择多个单元格或者连续区域,鼠标最后一次单击的单元格,或者最后一次拖动开始之前选定的单元格就是选定区域的活动单元格。

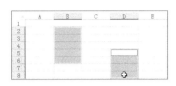

> 按下 Shift+F8 组合键，可以进入"添加"模式，与上面按 Ctrl 键的作用相同。进入"添加"模式后，再用鼠标选取的单元格或者单元格区域会添加到之前的选取区域当中。

> 在工作表窗口的名称框中输入多个单元格或者区域地址，地址之间用半角状态下的逗号隔开，例如"A1,B4,F7,H3"，按下回车键确认后即可选取并定位到目标区域。在这种状态下，最后输入的一个连续区域的左上角或者最后输入的单元格为区域中的活动单元格(该方法适用于选取隐藏行列中所包含的区域)。

> 打开【定位】对话框，在【引用位置】文本框中输入多个地址，也可以选取不连续的单元格区域。

6.4.2 合并和拆分单元格

在编辑表格的过程中，有时需要对单元格进行合并或者拆分操作，以方便用户对单元格的编辑。

1. 合并单元格

要合并单元格，需要先将要合并的单元格选定，然后打开【开始】选项卡，在【对齐方式】组中单击【合并单元格】按钮即可。

【例6-3】合并表格中的单元格。

视频+素材 (素材文件\第06章\例6-3)

step 1 启动 Excel 2016，打开"考勤表"工作簿，然后选中表格中的 A1：H2 单元格区域。

step 2 选择【开始】选项卡，在【对齐方式】组中单击【合并后居中】按钮，此时，选中的单元格区域将合并为一个单元格，其中的内容将自动居中。

step 3 选定 B3:H3 单元格区域，在【开始】选项卡的【对齐方式】组中单击【合并后居中】下拉按钮，从弹出的下拉菜单中选择【合并单元格】命令。

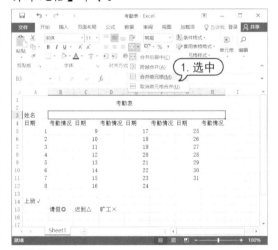

step 4 此时，即可将 B3:H3 单元格区域合并为一个单元格。

step⑤ 选定 A13:A15 单元格区域，在【开始】选项卡中单击【对齐方式】组中的对话框启动器按钮，打开【设置单元格格式】对话框，在【对齐】选项卡中选中【合并单元格】复选框，单击【确定】按钮也可以将单元格合并。

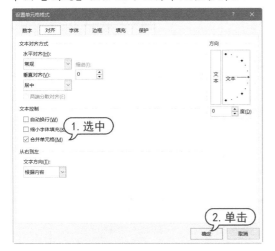

2. 拆分单元格

拆分单元格是合并单元格的逆操作，只有合并后的单元格才能够进行拆分。

要拆分单元格，用户只需选定要拆分的单元格，然后在【开始】选项卡的【对齐方式】组中再次单击【合并后居中】按钮，即可将已经合并的单元格拆分为合并前的状态，或者单击【合并后居中】下拉按钮，从弹出的下拉菜单中选择【取消单元格合并】命令。

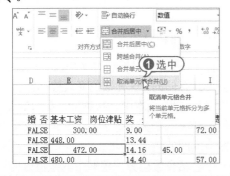

6.4.3　插入和删除单元格

在编辑工作表的过程中，经常需要进行单元格、行和列的插入或删除等编辑操作。

在工作表中选定要插入行、列或单元格的位置，在【开始】选项卡的【单元格】组中单击【插入】下拉按钮，从弹出的下拉菜单选择相应命令即可插入行、列和单元格。

用户还可以右击表格，在弹出菜单中选择【插入】命令，如果当前选定的是单元格，会打开【插入】对话框，选中【整行】或【整列】单选按钮，单击【确定】按钮即可插入一行或一列。

如果工作表的某些数据及其位置不再需要时，则可以使用【开始】选项卡【单元格】组的【删除】命令按钮，执行删除操作。单击【删除】下拉按钮，从弹出的菜单中选择【删除单元格】命令，会打开【删除】对话框。在其中可以设置删除单元格，或设置其他位置的单元格移动。

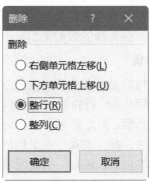

6.4.4 冻结窗格

在工作中对比复杂的表格时，经常需要在滚动浏览表格时，固定显示表头标题行。此时，使用"冻结窗格"命令可以方便地达到效果。

如果要在工作表滚动时保持行列标志或其他数据可见，可以通过冻结窗格功能来固定显示窗口的顶部和左侧区域。

例如打开一个工作簿，选择 A3 单元格，然后在【视图】选项卡的【窗口】组中，单击【冻结窗格】按钮，在弹出的快捷菜单中选择【冻结拆分窗格】命令。

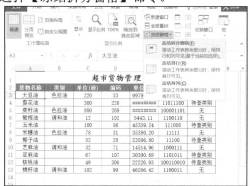

此时第 1、2 行已经被冻结，当拖动水平或垂直滚动条时，表格的第 1、2 行会始终显示。

如果要取消冻结窗格效果，可再次单击【冻结窗格】按钮，在弹出的快捷菜单中选择【取消冻结窗格】命令。

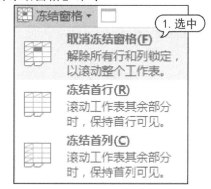

6.5 输入表格数据

Excel 的主要功能是处理数据，熟悉了工作簿、工作表和单元格的基本操作后，就可以在 Excel 中输入数据了，本节就来介绍在 Excel 中输入和编辑数据的方法。

6.5.1 Excel 数据类型

在工作表中输入和编辑数据是用户使用 Excel 时最基本的操作之一。工作表中的数据都保存在单元格内，单元格内可以输入和保存的数据包括数值、日期和时间、文本和公式 4 种基本类型。此外，还有逻辑值、错误值等一些特殊的数值类型。

1. 数值

数值指的是所代表数量的数字形式，例如企业的销售额、利润等。数值可以是正数，也可以是负数，但是都可以用于进行数值计算，例如加、减、求和、求平均值等。除了普通的数字以外，还有一些使用特殊符号的

数字也被 Excel 理解为数值，例如百分号%、货币符号￥，千分间隔符以及科学计数符号 E 等。

2. 日期和时间

在 Excel 中，日期和时间是以一种特殊的数值形式存储的，这种数值形式被称为"序列值"，在早期的版本中也被称为"系列值"。序列值是介于一个大于等于 0，小于 2 958 466 的数值区间的数值，因此，日期型数据实际上是一个包括在数值数据范畴中的数值区间。日期系统的序列值是一个整数数值，一天的数值单位就是 1，那么 1 小时就可以表示为 1/24 天，1 分钟就可以表示为 1/(24×60)天等，一天中的每一个时刻都可以由小数形式的序列

值来表示。例如中午 12:00:00 的序列值为 0.5(一天的一半)。

3. 文本

文本通常指的是一些非数值型文字、符号等，例如，企业的部门名称、员工的考核科目、产品的名称等。此外，许多不代表数量的、不需要进行数值计算的数字也可以保存为文本形式，例如电话号码、身份证号码、股票代码等。所以，文本并没有严格意义上的概念。事实上，Excel 将许多不能理解为数值(包括日期和时间)和公式的数据都视为文本。文本不能用于数值计算，但可以比较大小。

4. 逻辑值

逻辑值是一种特殊的参数，它只有 TRUE(真)和 FALSE(假)两种类型。例如在公式=IF(A3=0,"0",A2/A3)中，"A3=0"就是一个可以返回 TRUE(真)或 FLASE(假)两种结果的参数。当"A3=0"为 TRUE 时，则公式返回结果为"0"，否则返回"A2/A3"的计算结果。在逻辑值之间进行四则运算时，可以认为 TRUE=1，FLASE=0。

5. 错误值

经常使用 Excel 的用户可能都会遇到一些错误信息，例如"#N/A!""#VALUE!"等，出现这些错误的原因有很多种，如果公式不能计算正确结果，Excel 将显示一个错误值。例如，在需要数字的公式中使用文本、删除了被公式引用的单元格等。

6. 公式

公式是 Excel 中一种非常重要的数据，Excel 作为一种电子数据表格，其许多强大的计算功能都是通过公式来实现的。公式通常都以"="号开头，它的内容可以是简单的数学公式，例如：=16*62*2600/60-12。

6.5.2　输入数据

要在单元格内输入数值和文本类型的数据，用户可以在选中目标单元格后，直接向单元格内输入数据。数据输入结束后按下 Enter 键或者使用鼠标单击其他单元格都可以确认完成输入。要在输入过程中取消本次输入的内容，则可以按下 Esc 键退出输入状态。

当用户输入数据时，Excel 工作窗口底部状态栏的左侧显示"输入"字样。

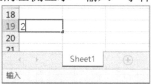

原有编辑栏的左边出现两个新的按钮，分别是 ✕ 和 ✓。如果用户单击 ✓ 按钮，可以对当前输入的内容进行确认，如果单击 ✕ 按钮，则表示取消输入。

虽然单击 ✓ 按钮和按下 Enter 键同样都可以对输入内容进行确认，但两者的效果并不完全相同。当用户按下 Enter 键确认输入后，Excel 会自动将下一个单元格激活为活动单元格，这为需要连续数据输入的用户提供了便利。而当用户单击 ✓ 按钮确认输入后，Excel 不会改变当前选中的活动单元格。

1. 输入文本、符号和数字

在 Excel 2016 中，文本型数据通常是指字符或者任何数字和字符的组合。输入到单元格内的任何字符集，只要不被系统解释成数字、公式、日期、时间或者逻辑值，则 Excel 2016 一律将其视为文本。

在表格中输入文本型数据的方法主要有以下 3 种。

➤ 在数据编辑栏中输入：选定要输入文本型数据的单元格，将鼠标光标移动到数据编辑栏处单击，将插入点定位到编辑栏中，然后输入内容。

➤ 在单元格中输入：双击要输入文本

型数据的单元格，将插入点定位到该单元格内，然后输入内容。

➤ 选定单元格输入：选定要输入文本型数据的单元格，直接输入内容即可。

此外，用户可以在表格中输入特殊符号，一般在【符号】对话框中进行操作。

【例 6-4】制作一个"员工工资表"工作簿，在表格中输入每个员工的工资。

💿 视频+素材 (素材文件\第 06 章\例 6-4)

step 1 启动 Excel 2016，新建一个名为"员工工资表"的工作簿，并输入文本数据。

step 2 选定 C4:G14 单元格区域，在【开始】选项卡的【数字】组中，单击其右下角的按钮 ↘。

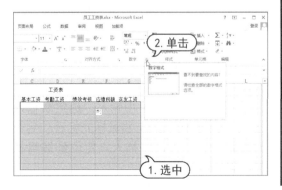

step 3 在打开的【设置单元格格式】对话框中选中【货币】选项，在右侧的【小数位数】微调框中设置数值为"2"，【货币符号(国家/地区)】选择"¥"，在【负数】列表框中选择一种负数格式，单击【确定】按钮。

step 4 此时，当在 C4:G14 单元格区域输入数字后，系统会自动将其转换为货币型数据。

	A	B	C	D	E	F	G
1				工资表			
2							
3	月份	姓名	基本工资	考勤工资	绩效考核	应缴税额	实发工资
4	1月	刘大明	¥3,000.00	¥1,000.00	¥1,000.00	¥400.00	¥4,600.00
5	2月	刘大明	¥3,000.00	¥800.00	¥1,200.00	¥400.00	¥4,600.00
6	4月	刘大明	¥3,000.00	¥1,000.00	¥1,600.00	¥448.00	¥5,152.00
7	5月	刘大明	¥3,000.00	¥900.00	¥800.00	¥376.00	¥4,324.00
8	6月	刘大明	¥3,000.00	¥800.00	¥1,000.00	¥384.00	¥4,416.00
9	7月	刘大明	¥3,000.00	¥600.00	¥600.00	¥336.00	¥3,864.00
10	8月	刘大明	¥3,000.00	¥1,000.00	¥500.00	¥360.00	¥4,140.00
11	9月	刘大明	¥3,000.00	¥400.00	¥1,500.00	¥392.00	¥4,508.00
12	10月	刘大明	¥3,000.00	¥600.00	¥1,100.00	¥376.00	¥4,324.00
13	11月	刘大明	¥3,000.00	¥1,000.00	¥1,200.00	¥416.00	¥4,784.00
14	12月	刘大明	¥3,000.00	¥1,000.00	¥1,600.00	¥448.00	¥5,152.00
15							

2. 在多个单元格中同时输入数据

当用户需要在多个单元格中同时输入相同的数据时，许多用户想到的办法就是将数据输入其中一个单元格，然后复制到其他所有单元格中。对于这样的方法，如果用户能够熟练操作并且合理使用快捷键，也是一种高效的选择。但还有一种操作方法，可以比复制/粘贴操作更加方便快捷。

同时，选中需要输入相同数据的多个单元格输入所需要的数据，在输入结束时，按下 Ctrl+Enter 键确认输入。此时将会在选定的所有单元格中显示相同的输入内容。

3. 输入指数上标

在工程和数学等方面的应用上，经常会需要输入一些带有指数上标的数字或者符号单位，如 10^2、M^2 等。在 Word 软件中，用户可以使用上标工具来实现操作，但在 Excel 中没有这样的功能。用户需要通过设置单元格格式的方法来实现指数在单元格中的显示，具体方法如下。

step 1 若用户需要在单元格中输入 M^{-10}，可先在单元格中输入"M-10"，然后激活单元格编辑模式，用鼠标选中文本中的"-10"部分。

step 2 按下 Ctrl+1 组合键，打开【设置单元格格式】对话框，选中【上标】复选框后，单击【确定】按钮即可。

step 3 此时，在单元格中数据显示为"M^{-10}"，但在编辑栏中数据仍旧显示为"M-10"。

4. 自动输入小数点

有一些数据处理方面的应用(如财务报表、工程计算等)经常需要用户在单元格中大量输入数值数据，如果这些数据需要保留的最大小数位数是相同的，用户可以参考下面介绍的方法，设置在 Excel 中输入数据时免去小数点"."的输入操作，从而提高输入效率。

step 1 以输入数据最大保留 3 位小数为例，打开【Excel 选项】对话框后，选择【高级】选项卡，选中【自动插入小数点】复选框，并在【位数】微调框中输入3。

step 2 单击【确定】按钮，在单元格中输入"11111"，将自动添加小数。

5. 记忆式输入

有时用户在表格中输入的数据会包含较多的重复文字，例如在建立公司员工档案信息时，在输入部门时，总会使用到很多相同的部门名称。如果希望简化此类输入，可参考下面介绍的方法。

step 1 打开【Excel 选项】对话框，选择【高级】选项卡，选中【为单元格值启用记忆式键入】复选框后，单击【确定】按钮。

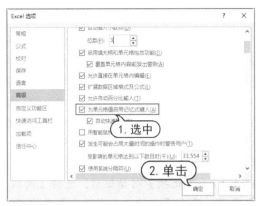

step 2 启动以上功能后，当用户在同一列输入相同的信息时，就可以利用"记忆式键入"来简化输入，例如，用户在下图所示的 A2 单元格中输入"华东区分店营业一部"后按下 Enter 键，在 A3 单元格中输入"华东区"，Excel 即会自动输入"分店营业一部"。

6.5.3 填充数据

当需要在连续的单元格中输入相同或者有规律的数据(等差或等比)时，可以使用 Excel 提供的填充数据的功能来实现。

1. 使用控制柄

选定单元格或单元格区域时会出现一个黑色边框的选区，此时选区右下角会出现一个控制柄，将鼠标光标移动至它的上方时会变成 + 形状，通过拖动该控制柄可实现数据的快速填充。

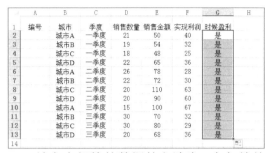

填充有规律的数据的方法为：在起始单元格中输入起始数据，在第二个单元格中输入第二个数据，然后选择这两个单元格，将鼠标光标移动到选区右下角的控制柄上，拖动鼠标左键至所需位置，最后释放鼠标即可根据第一个单元格和第二个单元格中数据间的关系自动填充数据。

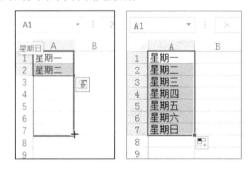

2. 使用【序列】对话框

在【开始】选项卡的【编辑】组中，单击【填充】按钮旁的倒三角按钮，在弹出的快捷菜单中选择【序列】命令，打开【序列】对话框，在其中设置选项进行填充。【序列】对话框中各选项的功能如下。

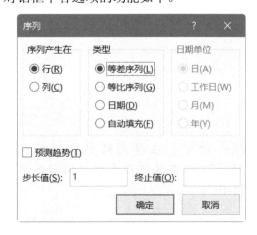

> 【序列产生在】选项区域：该选项区域可以确定序列是按选定行还是按选定列来填充。选定区域的每行或每列中第一个单元格或单元格区域的内容将作为序列的初始值。

> 【类型】选项区域：该选项区域可以选择需要填充的序列类型。

> 【等差序列】：创建等差序列或最佳线性趋势。如果取消选中【预测趋势】复选框，线性序列将通过逐步递加【步长值】文本框中的数值来产生；如果选中【预测趋势】复选框，将忽略【步长值】文本框中的值，线性趋势将在所选数值的基础上计算产生。所选初始值将被符合趋势的数值所代替。

> 【等比序列】：创建等比序列或几何增长趋势。

> 【日期】：用日期填充序列。日期序列的增长取决于用户在【日期单位】选项区域中所选择的选项。如果在【日期单位】选项区域中选中【日】单选按钮，那么日期序列将按天增长。

> 【自动填充】：根据包含在所选区域中的数值，用数据序列填充区域中的空白单元格，该选项与通过拖动填充柄来填充序列的效果一样。【步长值】文本框中的值与用户在【日期单位】选项区域中选择的选项都将被忽略。

> 【日期单位】选项区域：在该选项区域中，可以指定日期序列是按天、按工作日、按月还是按年增长。只有在创建日期序列时此选项区域才有效。

> 【预测趋势】复选框：对于等差序列，计算最佳直线；对于等比序列，计算最佳几何曲线。趋势的步长值取决于选定区域左侧或顶部的原有数值。如果选中此复选框，则【步长值】文本框中的任何值都将被忽略。

> 【步长值】文本框：输入一个正值或负值来指定序列每次增加或减少的值。

> 【终止值】文本框：在该文本框中输入一个正值或负值来指定序列的终止值。

【例 6-5】在"工资表"文档中使用【序列】对话框快速填充数据。

视频+素材 （素材文件\第 06 章\例 6-5）

step 1　启动 Excel 2016，打开"工资表"工作簿，选择 A 列，右击打开快捷菜单，选择【插入】命令，插入一个新列。在 A3 单元格中输入"编号"，在 A4 单元格中输入"1"。

step 2　选定 A4:A14 单元格区域，选择【开始】选项卡，在【编辑】组中单击【填充】下拉按钮，在弹出的菜单中选择【序列】命令。

step 3　打开【序列】对话框，在【序列产生在】选项区域中选中【列】单选按钮；在【类型】选项区域中选中【等差序列】单选按钮；在【步长值】文本框中输入 1，单击【确定】按钮。

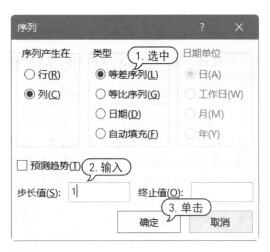

step④ 此时表格内自动填充步长为1的数据。

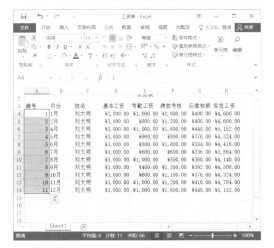

6.5.4 编辑数据

如果在 Excel 2016 的单元格中输入数据时发生了错误，或者要改变单元格中的数据时，则需要对数据进行编辑。

1. 更改数据

当单击单元格使其处于活动状态时，单元格中的数据会被自动选取，一旦开始输入，单元格中原来的数据就会被新输入的数据所取代。

如果单元格中包含大量的字符或复杂的公式，而用户只想修改其中的一部分，那么可以按以下两种方法进行编辑。

➤ 双击单元格，或者单击单元格后按

F2 键，在单元格中进行编辑。

➤ 单击激活单元格，然后单击编辑框，在编辑框中进行编辑。

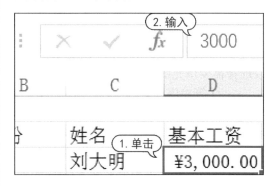

2. 删除数据

要删除单元格中的数据，可以先选中该单元格，然后按 Delete 键即可；要删除多个单元格中的数据，则可同时选定多个单元格，然后按 Delete 键。

如果想要完全地控制对单元格的删除操作，只使用 Delete 键是不够的。在【开始】选项卡的【编辑】组中，单击【清除】按钮，在弹出的快捷菜单中选择相应的命令，即可删除单元格中的相应内容。

3. 移动和复制数据

移动和复制数据基本上和移动和复制单元格的操作一样。

此外还可以使用鼠标拖动法来移动或复制单元格内容。要移动单元格内的数据，首先单击要移动的单元格或选定单元格区域，然后将光标移至单元格区域边缘，当光标变为箭头形状后，拖动光标到指定位置并释放鼠标即可。

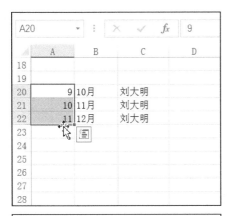

6.5.5　添加批注

除了可以在单元格中输入数据内容外，用户还可以为单元格添加批注。通过批注，可以对单元格的内容添加一些注释或者说明，方便自己或者其他人更好地理解单元格中的内容。

在 Excel 中为单元格添加批注的方法有以下几种。

➤ 选中单元格，选择【审阅】选项卡，在【批注】组中单击【新建批注】按钮，批注效果如下图所示。

➤ 右击单元格，在弹出的快捷菜单中

选择【插入批注】命令。

➤ 选中单元格后，按下 Shift+F2 组合键。

在单元格中插入批注后，在目标单元格的右上方将出现红色的三角形符号，该符号为批注标识符，表示当前单元格包含批注。右侧的矩形文本框通过引导箭头与红色标识符相连，此矩形文本框为批注内容的显示区域，用户可以在此输入文本内容作为当前单元格的批注。批注内容会默认以加粗字体的用户名开头，标识了添加此批注的作者。此用户名默认为当前 Excel 用户名，实际使用时，也可以根据自己的需要更改为方便识别的名称。

完成批注内容的输入后，用鼠标单击其他单元格即可完成添加批注的操作，此时批注内容呈现隐藏状态，只显示红色标识符。当用户将鼠标移动至包括标识符的目标单元格上时，批注内容会自动显示出来。用户也可以在包含批注的单元格上右击鼠标，在弹出的菜单中选择【显示/隐藏批注】命令使得批注内容取消隐藏状态，固定显示在表格上方。或者在 Excel 功能区上选择【审阅】选项卡，在【批注】组中单击【显示/隐藏批注】按钮，切换批注的"显示"和"隐藏"状态。

除了上面介绍的方法以外，用户还可以通过单击【审阅】选项卡【批注】组中的【显示所有批注】按钮，切换所有批注的"显示"或"隐藏"状态。

如果用户需要对单元格中的批注内容进行编辑修改，可以使用以下几种方法。

➤ 选中包含批注的单元格，选择【审阅】选项卡，在【批注】组中单击【编辑批

注】按钮。

➤ 右击包含批注的单元格，在弹出的快捷菜单中选择【编辑批注】命令。

➤ 选中包含批注的单元格，按下Shift+F2 组合键。

当批注处于编辑状态时，将鼠标指针移动至批注矩形框的边框上方时，鼠标指针会显示为黑色双箭头或者黑色十字箭头图标。当出现黑色双箭头时，可以拖动鼠标来改变批注的大小。

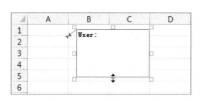

当出现黑色十字箭头图标时，可以拖动鼠标来移动批注的位置。

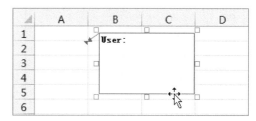

要删除一个已有的批注，可以在选中包含批注的单元格后，右击鼠标，在弹出的快捷菜单中选择【删除批注】命令，或者在【审阅】选项卡的【批注】组中单击【删除批注】按钮。

6.6 设置表格格式

在 Excel 2016 中，为了使工作表中的某些数据醒目和突出，也为了使整个版面更为丰富，通常需要对不同的单元格和数据设置不同的格式。

6.6.1 设置字体和对齐方式

通常用户需要对不同的单元格设置不同的字体和对齐方式，使表格内容更加丰富醒目。

1. 设置字体

单元格字体格式包括字体、字号、颜色、背景图案等。Excel 中文版的默认设置为：字体为【宋体】、字号为 11 号。用户可以按下 Ctrl+1 组合键，打开【设置单元格格式】对话框，选择【字体】选项卡，通过更改相应的设置来调整单元格内容的格式。

【字体】选项卡中各个选项的功能说明如下。

➤ 字体：在该列表框中显示了 Windows 系统提供的各种字体。

➤ 字形：在该列表中提供了常规、倾斜、加粗、加粗倾斜 4 种字形。

➤ 字号：字号指的是文字显示大小，用户可以在【字号】列表中选择字号。

➤ 下画线：在该下拉列表中可以为单元格内容设置下画线，默认设置为无。Excel 中可设置的下画线类型包括单下画线、双下画线、会计用单下画线、会计用双下画线 4 种(会计用下画线比普通下画线离单元格内容更靠下一些，并且会填充整个单元格宽度)。

➤ 颜色：单击该按钮将弹出【颜色】下拉面板，允许用户为字体设置颜色。

➤ 删除线：在单元格内容上显示横穿内容的直线，表示内容被删除。效果为 删除内容 。

➤ 上标：将文本内容显示为上标形式，例如 K^3。

➤ 下标：将文本内容显示为下标形式，例如 K_3。

除了可以对整个单元格的内容设置字体格式外，还可以对同一个单元格内的文本内容设置多种字体格式。用户只要选中单元格文本的某一部分，设置相应的字体格式即可。

2. 设置对齐

打开【设置单元格格式】对话框，选中【对齐】选项卡，该选项卡主要用于设置单元格文本的对齐方式，此外还可以对文字方向以及文本控制等内容进行相关的设置。

当用户需要将单元格中的文本以一定的倾斜角度进行显示时，可以通过【对齐】选项卡中的【方向】选项来实现。

➤ 设置文本倾斜角度：在【对齐】选项卡右侧的【方向】半圆形表盘显示框中，用户可以通过鼠标操作直接选择倾斜角度，或通过下方的微调框来设置文本的倾斜角度，改变文本的显示方向。文本倾斜角度设置范围为-90 度至 90 度。如下图所示为从左到右依次展示了文本分别倾斜 90 度、45 度、0 度、-45 度和-90 度的效果。

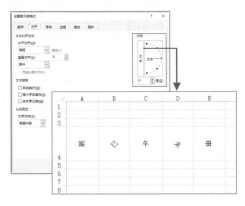

➤ 设置文本竖排：文本竖排指的是将文本由水平排列状态转为竖直排列状态，文本中的每一个字符仍保持水平显示。要设置文本竖排，在【开始】选项卡的【对齐方式】组中单击【方向】下拉按钮，在弹出的下拉列表中选择【竖直方向】命令即可。

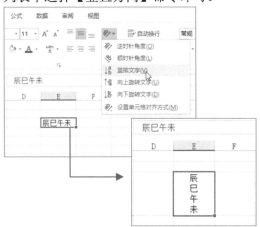

➤ 设置垂直角度：垂直角度文本指的是将文本按照字符的直线方向垂直旋转 90 度或-90 度后形成的垂直显示文本，文本中的每一个字符均相应地旋转 90 度。要设置垂直角度文本，在【开始】选项卡的【对齐方式】组中单击【方向】下拉按钮，在弹出的下拉列表中选择【向上旋转文本】或【向下旋转文本】命令即可。

➤ 设置文字方向：【文字方向】指的是文字从左至右或者从右至左的书写和阅读方向，目前大多数语言都从左到右书写和阅读，但也有不少语言从右到左书写和阅读，如阿拉伯语、希伯来语等。在使用相应的语言支持的 Office 版本后，可以在【对齐】选

项卡中单击【文字方向】下拉按钮，将文字方向设置为【总是从右到左】，以便于输入和阅读这些语言。

在 Excel 中设置水平对齐包括常规、靠左(缩进)、居中、靠右(缩进)、填充、两端对齐、跨列居中、分散对齐(缩进)8 种对齐方式，其各自的作用如下。

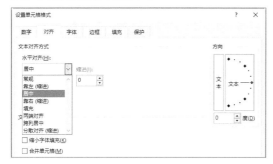

> 常规：Excel 默认的单元格内容的对齐方式为：数值型数据靠右对齐、文本型数据靠左对齐、逻辑值和错误值居中。

> 靠左(缩进)：单元格内容靠左对齐，如果单元格内容长度大于单元格列宽，则内容会从右侧超出单元格边框显示。如果右侧单元格非空，则内容右侧超出部分不显示。在【对齐】选项卡的【缩进】微调框中可以调整单元格内容与单元格左侧边框的距离，可选缩进范围为0~15 个字符。

> 填充：重复单元格内容直到单元格的宽度被填满。如果单元格列宽不足以重复显示文本的整数倍数时，则文本只显示整数倍次数，其余部分不再显示出来。

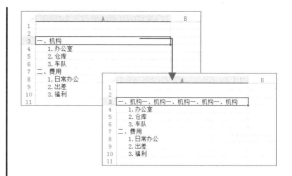

> 居中：单元格内容居中，如果单元格内容长度大于单元格列宽，则内容会从两侧超出单元格边框显示。如果两侧单元格非空，则内容超出部分不被显示。

> 靠右(缩进)：单元格内容靠右对齐，如果单元格内容长度大于单元格列宽，则内容会从左侧超出单元格边框显示。如果左侧单元格非空，则内容左侧超出部分不被显示。可以在【缩进】微调框内调整单元格内容与单元格右侧边框的距离，可选缩进范围为 0~15 个字符。

> 两端对齐：使文本两端对齐。单行文本以类似【靠左】方式对齐，如果文本过长，超过列宽时，文本内容会自动换行显示。

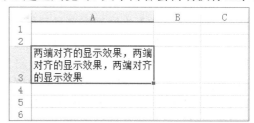

> 跨列居中：单元格内容在选定的同一行内连续的多个单元格中居中显示。此对齐方式常用于在不需要合并单元格的情况下，居中显示表格标题。

▶ 分散对齐(缩进): 对于中文字符，包括空格间隔的英文单词等，在单元格内平均分布并充满整个单元格宽度，并且两端靠近单元格边框。对于连续的数字或字母符号等文本则不产生作用。可以使用【缩进】微调框调整单元格内容与单元格两侧边框的距离，可选缩进范围为 0~15 个字符。应用【分散对齐】格式的单元格当文本内容过长时会自动换行显示。

垂直对齐包括靠上、居中、靠下、两端对齐等几种对齐方式。

▶ 靠上: 又称为"顶端对齐"，单元格内的文字沿单元格顶端对齐。

▶ 居中: 又称为"垂直居中"，单元格内的文字垂直居中，这是 Excel 默认的对齐方式。

▶ 靠下: 又称为"底端对齐"，单元格内的文字靠下端对齐。

▶ 两端对齐: 单元格内容在垂直方向上两端对齐，并且在垂直距离上平均分布。应用该格式的单元格当文本内容过长时会自动换行显示。

如果用户需要更改单元格内容的垂直对齐方式，除了可以通过【设置单元格格式】对话框中的【对齐】选项卡以外，还可以在【开始】选项卡的【对齐方式】组中单击【顶端对齐】按钮、【垂直对齐】按钮或【底端对齐】按钮。

【例 6-6】新建"员工工资汇总"工作簿，在"员工工资表"工作表中输入数据，设置单元格中数据的字体格式和对齐方式。

🎬 视频+素材 (素材文件\第 06 章\例 6-6)

step 1 启动 Excel 2016，新建一个名为"员工工资汇总"的工作簿，将 Sheet1 工作表改名为"员工工资表"，并输入表格数据。

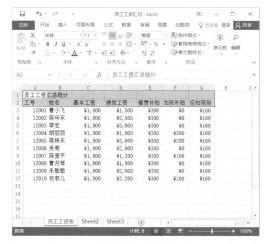

step 2 选中 A1 单元格，在【字体】组的【字体】下拉列表框中选择【隶书】选项，在【字号】下拉列表框中选择 20 选项，在【字体颜色】面板中选择【橙色，个性色 6，深色 25%】色块，并且单击【加粗】按钮。

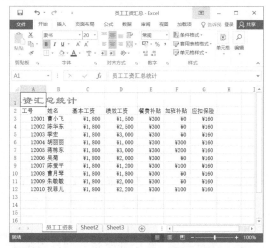

step 3 选取单元格区域 A1:G1，在【对齐方式】组中单击【合并后居中】按钮。

step 4 选定 A2:G2 单元格，在【字体】组中单击对话框启动器按钮，打开【设置单元格格式】对话框，打开【字体】选项卡，在【字体】列表框中选择【黑体】选项，在【字号】列表框中选项 12 选项，在【下画线】下拉列表框中选择【会计用单下画线】选项，在【颜色】面板中选择【深蓝，文字 2，深色 25%】颜色。

step 5 打开【对齐】选项卡，在【水平对齐】下拉列表中选择【居中】选项，单击【确定】按钮。

step 6 完成设置，显示标题格式的效果如下图所示。

6.6.2 设置行高和列宽

在向单元格中输入文字或数据时，经常会出现这样的现象：有的单元格中的文字只显示了一半；有的单元格中显示的是一串"#"符号，而在编辑栏中却能看见对应单元格的文字或数据。出现这些现象的原因在于单元格的宽度或高度不够，不能将其中的文字正确显示。因此，需要对工作表中的单元格的高度和宽度进行适当的调整。

1. 拖动鼠标

要改变行高和列宽可以直接在工作表中拖动鼠标进行操作，比如要设置行高，用户在工作表中选中单行，将鼠标指针放置在行与行标签之间，出现黑色双向箭头时，按住鼠标左键不放，向上或向下拖动，此时会出现提示框，里面显示当前的行高，调整至所需的行高后松开左键即可完成行高的设置。设置列宽方法与此操作类似。

2. 精确设置

要精确设置行高和列宽，用户可以选定单行或单列，然后选择【开始】选项卡，在【单元格】组中单击【格式】下拉按钮，在弹出的菜单中选择【行高】或【列宽】命令，将会打开【行高】或【列宽】对话框，输入数字，最后单击【确定】按钮完成操作。

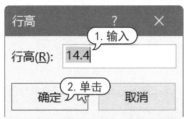

3. 设置最适合的行高和列宽

有时表格中多种数据内容长短不一，看上去较为凌乱，用户可以设置最适合的行高和列宽。

在【开始】选项卡的【单元格】组中单击【格式】按钮，在弹出的菜单中选中【自动调整列宽】命令，此时，Excel 将自动调整表格各列的宽度。

使用同样的方法，选择【自动调整行高】命令，即可调整所选内容最适合的行高。

6.6.3　设置边框和底纹

默认情况下，Excel 并不为单元格设置边框，工作表中的框线在打印时并不显示出来。但在一般情况下，用户在打印工作表或突出显示某些单元格时，需要添加一些边框和底纹以使工作表更美观易懂。

【例 6-7】在"员工工资表"工作表中设置边框和底纹。

视频+素材 (素材文件\第 06 章\例 6-7)

step 1 启动 Excel 2016，打开"员工工资汇总"工作簿的"员工工资表"工作表，选定 A2:G12 单元格区域，打开【开始】选项卡，在【字体】组中单击【边框】下拉按钮，从弹出的菜单中选择【其他边框】命令，打开【设置单元格格式】对话框。

step ② 打开【边框】选项卡，在【线条】选项区域的【样式】列表框中选择右列第6行的样式，在【颜色】下拉列表框中选择【水绿，个性色5，深色25%】颜色，在【预置】选项区域中单击【外边框】按钮，为选定的单元格区域设置外边框；在【线条】选项区域的【样式】列表框中选择左列第5行的样式，在【颜色】下拉列表框中选择【橙色，个性色6，深色25%】选项，在【预置】选项区域中单击【内部】按钮，单击【确定】按钮。

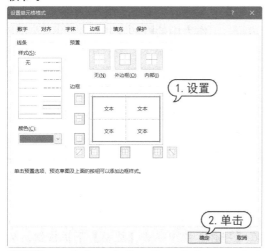

step ③ 此时为所选单元格区域应用设置的边框。

	工号	姓名	基本工资	绩效工资	餐费补贴	加班补贴	应扣保险
		员工工资汇总统计					
	工号	姓名	基本工资	绩效工资	餐费补贴	加班补贴	应扣保险
3	12001	曹小飞	¥1,800	¥1,500	¥300	¥0	¥160
4	12002	陈华东	¥1,800	¥2,500	¥300	¥0	¥160
5	12003	李宏	¥1,800	¥3,000	¥300	¥0	¥160
6	12004	胡丽丽	¥1,800	¥1,000	¥300	¥300	¥160
7	12005	蒋栋东	¥1,800	¥3,000	¥300	¥200	¥160
8	12006	吴菊	¥1,800	¥2,000	¥300	¥0	¥160
9	12007	陈爱平	¥1,800	¥1,200	¥300	¥100	¥160
10	12008	曹月琴	¥1,800	¥1,800	¥300	¥0	¥160
11	12009	朱敏敏	¥1,800	¥2,000	¥300	¥0	¥160
12	12010	祝菲儿	¥1,800	¥2,200	¥300	¥100	¥160

step ④ 选定列标题所在的单元格区域A2:G2，打开【设置单元格格式】对话框的【填充】选项卡，在【背景色】选项区域中选择一种颜色，在【图案颜色】下拉列表中选择【白色】色块，在【图案样式】下拉列表中选择一种图案样式，单击【确定】按钮。

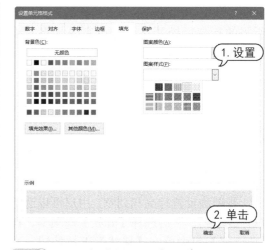

step ⑤ 此时为列标题所在的单元格区域应用设置的底纹。

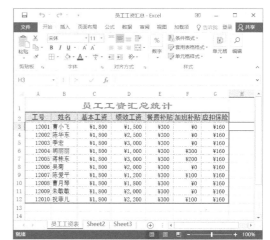

6.6.4 套用内置样式

Excel 2016 自带了多种单元格样式和表格样式，用户可以方便地套用这些样式。

【例 6-8】在"员工工资表"工作表中，为指定的单元格应用内置样式和表格格式。
视频+素材（素材文件\第 06 章\例 6-8）

step ① 启动 Excel 2016，打开"员工工资汇总"工作簿的"员工工资表"工作表，选定单元格区域 A3:A12，在【开始】选项卡的【样式】组中，单击【单元格样式】按钮，在弹出菜单中的【主题单元格样式】列表框中选择【着色6】选项。

step 2 此时，选定的单元格区域会自动套用该样式。

	A	B
1		
2	工号	姓名
3	12001	曹小飞
4	12002	陈华东
5	12003	李宏
6	12004	胡丽丽
7	12005	蒋栋东
8	12006	吴菊
9	12007	陈爱平
10	12008	曹月琴
11	12009	朱敏敏
12	12010	祝菲儿
13		

step 3 使用同样的方法，为其他单元格区域套用单元格样式。

step 4 用户还可以使用预设的表格格式，选择单元格区域 A2:G12，打开【开始】选项卡，在【样式】组中单击【套用表格格式】按钮，在弹出的菜单列表框中选择一个样式选项。

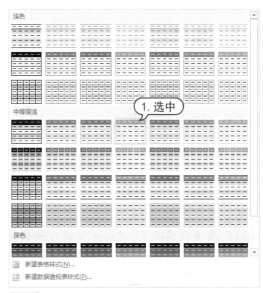

step 5 打开【套用表格式】对话框，单击【确定】按钮。

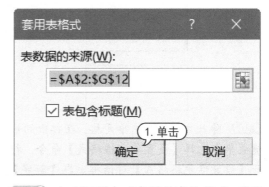

step 6 此时即可自动套用该表格格式，效果如下图所示。

6.7 案例演练

本章的案例演练部分是输入特殊数据等几个实例操作,用户通过练习从而巩固本章所学知识。

6.7.1 输入特殊数据

【例 6-9】在 Excel 2016 中输入一些特殊的数据。
🔵视频

step① 启动 Excel 2016,新建一个空白工作簿。

step② 在通常情况下,Excel 中以 0 开头的数字默认不显示 0。若用户需要在表格中输入以 0 开头的数据,可以在选择单元格后,先在单元格中输入单引号【'】,输入以 0 开头的数字,并按下 Enter 键即可。

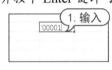

step③ 除此之外,右击单元格,在弹出的快捷菜单中选择【设置单元格格式】命令,打开【设置单元格格式】对话框。在【数字】选项卡的【分类】列表框中选中【自定义】选项后,在对话框右侧的【类型】文本框中输入【000#】,并单击【确定】按钮。

step④ 此时,可以直接在选中的单元格中输入 0001 之类的以 0 开头的数字。

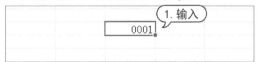

step⑤ 如果用户在【设置单元格格式】对话框的【自定义】选项区域的【类型】文本框中输入【000000】,然后单击【确定】按钮,可以在单元格中输入如【000001】之类的数字。

step⑥ 如果用户需要在单元格中输入平方,可以先在单元格中输入【X2】,然后双击单元格,选中数字 2 并右击鼠标,在弹出的菜单中选择【设置单元格格式】命令。

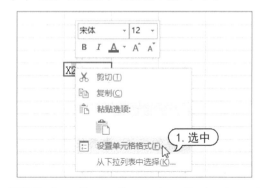

step⑦ 打开【设置单元格格式】对话框,选中【上标】复选框,单击【确定】按钮。

step ⑧ 此时上标的输入效果如下图所示。

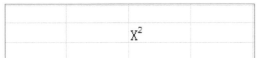

step ⑨ 如果用户需要在单元格中输入对号与错号，可以在选中单元格后按住 Alt 键的同时依次输入键盘右侧数字输入区上的【41420】键，即可输入对号；输入【41409】键，即可输入错号。

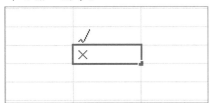

step ⑩ 如果用户需要在单元格中输入一段较长的数据，例如输入【123456789123456789】，可以在输入之前先在单元格中输入单引号【'】，然后再输入具体的数据。如此，可以避免Excel软件自动以科学计数的方式显示输入的数据。

step ⑪ 要在单元格内输入分数，正确的输入方式是：整数部分+空格+分子+斜杠+分母，整数部分为零时也要输入【0】进行占位。比如要输入分数 1/4，则可以在单元格内输入【0 1/4】。

step ⑫ 输入完毕后，按 Enter 键或单击其他单元格， Excel 自动显示为【1/4】。

step ⑬ Excel 会自动对分数进行分子分母的约分，比如输入【2 5/10】，将会自动转换为【2 1/2】。

step ⑭ 如果用户输入分数的分子大于分母，Excel 会自动进行转换。比如输入"0 17/4"，将会显示为"4 1/4"。

6.7.2 批量创建工作表

【例6-10】 在工作簿中批量创建指定名称的工作表。
🔘视频

step ① 在当前工作表 A 列中输入需要创建的工作表的名称，选择【插入】选项卡，在【表格】组中单击【数据透视表】按钮，打开【创建数据透视表】对话框，选择【现有数据表】单选按钮，然后在【位置】文本框中设置一个放置数据透视表的位置(本例为 Sheet1 表的 D1 单元格)。

step 2 单击【确定】按钮，打开【数据透视表字段】窗格，将【生成以下名称的工作表】选项拖动至【筛选】列表中。

step 5 此时，Excel 将根据 A 列中的文本在工作簿内创建工作表，单击工作表标签两侧的 ··· 按钮可以切换显示所有的工作表标签。

step 6 每个工作表中都会创建一个数据透视表，用户需要将它们删除。右击任意一个工作表标签，在弹出的菜单中选择【选定全部工作表】命令，然后单击工作表左上角的 ◢ 按钮，选中整个工作簿。

step 3 选中 D1 单元格，选择【分析】选项卡，在【数据透视表】组中单击【选项】下拉按钮，在弹出的菜单中选择【显示报表筛选页】命令。

step 7 选择【开始】选项卡，在【编辑】组中单击【清除】下拉按钮，在弹出的菜单中选择【全部清除】命令。

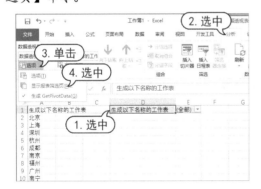

step 4 打开【显示报表筛选页】对话框，单击【确定】按钮。

step 8 最后，右击工作表标签，在弹出的菜单中选择【取消组合工作表】命令即可。

第7章

使用公式与函数

分析和处理 Excel 工作表中的数据时，离不开公式和函数。公式和函数不仅可以帮助用户快速并准确地计算表格中的数据，还可以解决办公中的各种查询与统计问题。本章将介绍 Excel 中的公式与函数的操作方法和技巧。

 **本章对应视频**

7.1 使用公式

处理 Excel 工作表中的数据，离不开公式的使用。公式是以"="号为引号，通过运算符按照一定顺序的组合进行数据运算和处理的等式。

7.1.1 公式的组成

在输入公式之前，用户应先了解公式的组成和意义，公式的特定语法或次序为最前面是等号"="，然后是公式的表达式，公式中可以包含运算符、数值或任意字符串、函数及其参数和单元格引用等元素。

单元格引用　　　　运算符

=A3-SUM(A2:F6)+0.5*6

函数　　　　常量数值

公式主要由以下几个元素构成。

➤ 运算符：指对公式中的元素进行特定类型的运算，不同的运算符可以进行不同的运算，如加、减、乘、除等。

➤ 数值或任意字符串：包含数字或文本等各类数据。

➤ 函数及其参数：函数及函数的参数也是公式中的最基本元素之一，它们也用于计算数值。

➤ 单元格引用：指定要进行运算的单元格地址，可以是单个单元格或单元格区域，也可以是同一工作簿中其他工作表中的单元格或其他工作簿中某个工作表中的单元格。

7.1.2 运算符类型和优先级

运算符用于对公式中的元素进行特定类型的运算。Excel 2016 中包含了算术、比较、文本连接与引用 4 种运算符类型。

1. 算术运算符

要完成基本的数学运算，如加法、减法和乘法，连接数据和计算数据结果等，可以

使用如下表所示的算术运算符。

算术运算符	含　义
+(加号)	加法运算
−(减号)	减法运算或负数
*(星号)	乘法运算
/(正斜线)	除法运算
%(百分号)	百分比
^(插入符号)	乘幂运算

2. 比较运算符

比较运算符可以比较两个值的大小。当用运算符比较两个值时，结果为逻辑值，比较成立则为 TRUE，反之则为 FALSE。

比较运算符	含　义
=(等号)	等于
>(大于号)	大于
<(小于号)	小于
>=(大于等于号)	大于或等于
<=(小于等于号)	小于或等于
<>(不等号)	不相等

3. 文本连接运算符

使用和号(&)可加入或连接一个或多个文本字符串以产生一串新的文本。

文本连接运算符	含　义
&(和号)	将两个文本值连接或串联起来以产生一个连续的文本值

4. 引用运算符

使用如下表所示的引用运算符，可以将单元格区域合并计算。

比较运算符	含　义
:(冒号)	区域运算符,产生对包括在两个引用之间的所有单元格的引用

（续表）

比较运算符	含　义
,(逗号)	联合运算符,将多个引用合并为一个引用
(单个空格)	交叉运算符,产生对两个引用共有的单元格的引用

例如,对于 A1=B1+C1+D1+E1+F1 公式,如果使用引用运算符,就可以把该公式写为:A1=SUM(B1:F1)。

如果公式中同时用到多个运算符,Excel 2016 将会依照运算符的优先级来依次完成运算。如果公式中包含相同优先级的运算符,例如公式中同时包含乘法和除法运算符,则 Excel 将从左到右进行计算。运算符优先级由高至低如下表所示。

运算符	含　义
:(冒号) (单个空格) ,(逗号)	引用运算符
–	负号
%	百分比
^	乘幂
* 和 /	乘和除
+ 和 –	加和减
&	连接两个文本字符串
= < > <= >= <>	比较运算符

7.1.3　公式中的常量

常量数值用于输入公式中的值和文本。

1. 常量参数

公式中可以使用常量进行运算。常量指的是在运算过程中自身不会改变的值,但是公式以及公式产生的结果都不是常量。

➤ 数值常量:如=(3+9)*5/2。

➤ 日期常量:如=DATEDIF("2018-10-10",NOW(),"m")。

➤ 文本常量:如"I Love"&"You"。

➤ 逻辑值常量:如=VLOOKIP("曹焱兵",A:B,2,FALSE)。

➤ 错误值常量:如=COUNTIF(A:A,#DIV/0!)。

在公式运算中逻辑值与数值的关系如下:

➤ 在四则运算及乘幂、开方运算中,TRUE=1,FALSE=0。

➤ 在逻辑判断中,0=FALSE,所有非 0 数值=TRUE。

➤ 在比较运算中,数值<文本<FALSE<TRUE。

文本型数字可以作为数值直接参与四则运算,但当此类数据以数组或者单元格引用的形式作为某些统计函数(如 SUM、AVERAGE 和 COUNT 函数等)的参数时,将被视为文本来运算。例如,在 A1 单元格输入数值 1,在 A2 单元格输入前置单引号的数字"'2",则对数值 1 和文本型数字 2 的运算如下所示。

➤ =A1+A2:返回结果 3(文本 2 参与四则运算被转换为数值)。

➤ =SUM(A1: A2):返回结果 1(文本 2 在单元格中视为文本,未被 SUM 函数统计)。

➤ =SUM(1, "2"):返回结果 3(文本 2 直接作为参数视为数值)。

➤ =COUNT(1, "2"):返回结果 2(文本 2 直接作为参数视为数值)。

➤ =COUNT({1, "2"}):返回结果 1(文本 2 在常量数组中视为文本,可被 COUNTA 函数统计,但未被 COUNT 函数统计)。

➤ =COUNTA({1, "2"}):返回结果 2(文本 2 在常量数组中视为文本,可被 COUNTA 函数统计)。

2. 常用常量

以公式 1 和公式 2 为例介绍公式中的常用常量,这两个公式分别可以返回表格中 A 列单元格区域中最后一个数值型和文本型的数据。

公式 1:

```
=LOOKUP(9E+307,A:A)
```

公式 2:

```
=LOOKUP("龠",A:A)
```

最后一个文本型数据

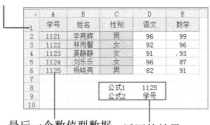

最后一个数值型数据　　返回的结果

在公式 1 中，9E+307 是数值 9 乘以 10 的 307 次方的科学计数法表示形式，也可以写作 9E307。根据 Excel 计算规范限制，在单元格中允许输入的最大值为 9.99999999999999E+307，因此采用较为接近限制值且一般不会用到的一个大数 9E+307 来简化公式输入，用于在 A 列中查找最后一个数值。

在公式 2 中，使用"龥"(yuè)字的原理与 9E+307 相似，是接近字符集中最大全角字符的单字。此外，也常用"座"或者 REPT("座",255)来产生一串"很大"的文本，以查找 A 列中的最后一个数值型数据。

3. 数组常量

在 Excel 中数组是由一个或者多个元素按照行列排列方式组成的集合，这些元素可以是文本、数值、日期、逻辑值或错误值等。数组常量的所有组成元素为常量数据，其中文本必须使用半角双引号将首尾标识出来。具体表示方法为：用一对大括号"{}"将构成数组的常量包括起来，并以半角分号";"间隔行元素、以半角逗号","间隔列元素。

数组常量根据尺寸和方向的不同，可以分为一维数组和二维数组。只有 1 个元素的数组称为单元素数组，只有 1 行的一维数组又可称为水平数组，只有 1 列的一维数组又可以称为垂直数组，具有多行多列(包含两行两列)的数组称为二维数组，例如：

➤ 单元素数组：{1}，可以使用 =ROW(A1)或者=COLUMN(A1)返回。

➤ 一维水平数组：{1,2,3,4,5}，可以使

用=COLUMN(A:E)返回。

➤ 一维垂直数组：{1;2;3;4;5}，可以使用=ROW(1:5)返回。

➤ 二维数组：{0, "不及格";60, "及格";70,"中";80, "良";90, "优"}。

7.1.4　输入公式

在 Excel 中输入公式与输入数据的方法相似，具体步骤为：选择要输入公式的单元格，在编辑栏中直接输入"="符号，然后输入公式内容，按 Enter 键即可将公式运算的结果显示在所选单元格中。

【例 7-1】创建"热卖数码销售汇总"工作簿，并手动输入公式。

视频+素材 (素材文件\第 07 章\例 7-1)

step 1 启动 Excel 2016，创建一个名为"热卖数码销售汇总"的工作簿，并在 Sheet1 工作表中输入数据。

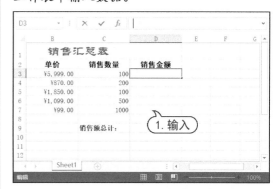

step 2 选定 D3 单元格，在单元格或编辑栏中输入公式"=B3*C3"。

step 3 按 Enter 键或单击编辑栏中的【输入】按钮 ✓，即可在单元格中计算出结果。

7.1.5 编辑公式

在 Excel 2016 中，有时还需要对输入的公式进行编辑操作，如显示公式、修改公式、删除公式和复制公式等。

1. 显示公式

默认设置下，在单元格中只显示公式计算的结果，而公式本身则只显示在编辑栏中。为了方便用户对公式进行检查，可以设置在单元格中显示公式。

用户可以在【公式】选项卡的【公式审核】组中，单击【显示公式】按钮图，即可设置在单元格中显示公式。如果再次单击【显示公式】按钮，即可将显示的公式隐藏。

2. 删除公式

一些常用的电子表格需要使用公式，但在计算完成后，又不希望其他用户查看计算

公式的内容，此时可以删除电子表格中的数据，并保留公式计算结果。

> **【例 7-2】** 在"热卖数码销售汇总"工作簿中，将工作表的 D3 单元格中的公式删除，并保留公式计算结果。
>
> 🔘 视频+素材 (素材文件\第 07 章\例 7-2)

step 1 启动 Excel 2016，打开"热卖数码销售汇总"工作簿的"Sheet1"工作表。

step 2 右击 D3 单元格，在弹出的快捷菜单中选择【复制】命令，复制单元格内容。

step 3 在【开始】选项卡的【剪贴板】组中单击【粘贴】按钮下方的倒三角按钮，在弹出的菜单中选择【选择性粘贴】命令。

step 4 打开【选择性粘贴】对话框，在【粘贴】选项区域中选中【数值】单选按钮，然后单击【确定】按钮。

step 5 返回工作簿窗口，此时 D3 单元格中的公式已经被删除，但计算结果仍然保存在 D3 单元格中。

3. 修改公式

修改公式操作是 Excel 最基本的编辑公式的操作之一。修改公式的方法主要有以下三种。

▷ 双击单元格修改：双击需要修改公式的单元格，选中出错的公式后，重新输入新公式，按 Enter 键即可完成修改操作。

▷ 编辑栏修改：选定需要修改公式的单元格，此时在编辑栏中会显示公式，单击编辑栏，进入公式编辑状态后进行修改。

▷ F2 键修改：选定需要修改公式的单元格，按 F2 键，进入公式编辑状态后进行修改。

4. 复制公式

复制公式的方法与复制数据的方法相似，右击公式所在的单元格，在弹出的菜单中选择【复制】命令，然后选定目标单元格，右击，在弹出的快捷菜单中的【粘贴选项】区域中单击【粘贴】按钮，即可复制公式。

7.2 单元格的引用

单元格是工作表中最小的组成元素，以窗口左上角第一个单元格为原点，向下向右分别为行、列坐标的正方向，由此构成单元格在工作表上所处位置的坐标集合。在公式中使用坐标方式表示单元格在工作表中的"地址"，实现对存储于单元格中的数据调用，该方法称为单元格的引用。

7.2.1 相对引用

相对引用通过当前单元格与目标单元格的相对位置来定位引用单元格。

相对引用包含了当前单元格与公式所在单元格的相对位置。默认设置下，Excel 使用的都是相对引用，当改变公式所在单元格的位置时，引用也会随之改变。

【例7-3】通过相对引用将工作表I4单元格中的公式复制到I5:I16单元格区域中。

🔘 视频+素材（素材文件\第 07 章\例 7-3）

step① 打开工作表后，在 I4 单元格中输入以下公式：

$$=H4+G4+F4+E4+D4$$

step② 将鼠标光标移至单元格 I4 右下角的控制点∎，当鼠标指针呈十字状态后，按住左键并拖动选定 I5:I16 单元格区域。

step③ 释放鼠标，即可将 I4 单元格中的公式复制到 I5:I16 单元格区域中。

7.2.2 绝对引用

绝对引用就是公式中单元格的精确地址，与包含公式的单元格的位置无关。绝对引用与相对引用的区别在于：复制公式时使用绝对引用，则单元格引用不会发生变化。绝对引用的操作方法是，在列标和行号前分别加上美元符号$。例如，$B$2 表示单元格 B2 的绝对引用，而$B$2:$E$5 表示单元格区域 B2:E5 的绝对引用。

【例7-4】通过绝对引用将工作表I4单元格中的公式复制到I5:I16单元格区域中。

🔘 视频+素材（素材文件\第 07 章\例 7-4）

step① 打开工作表后，在 I4 单元格中输入公式：

$$=\$H\$4+\$G\$4+\$F\$4+\$E\$4+\$D\$4$$

step② 将鼠标光标移至单元格 I4 右下角的控制点∎，当鼠标指针呈十字状态后，按住左键并拖动选定 I5:I16 单元格区域。释放鼠标，将会发现在 I5:I16 单元格区域中显示的引用结果与 I4 单元格中的结果相同。

引用的结果相同

7.2.3 混合引用

混合引用指的是在一个单元格引用中，既有绝对引用，同时也包含相对引用，即混合引用具有绝对列和相对行，或具有绝对行和相对列。绝对引用列采用 $A1、$B1 的形式，绝对引用行采用 A$1、B$1 的形式。如果公式所在单元格的位置改变，则相对引用改变，而绝对引用不变。如果多行或多列地复制公式，相对引用自动调整，而绝对引用不做调整。

【例7-5】 将工作表中I4单元格中的公式混合引用到I5:I16单元格区域中。

● **视频+素材** (素材文件\第07章\例7-5)

step① 打开工作表后，在I4单元格中输入以下公式：

=$H4+$G4+$F4+E$4+D$4

学生成绩表

其中，$H4、$G4和$F4是绝对列和相对行形式，E$4、D$4是绝对行和相对列形式，按下Enter键后即可得到合计数值。

step② 将鼠标光标移至单元格I4右下角的控制点■，当鼠标指针呈十字状态后，按住左键并拖动选定I5:I16单元格区域。释放鼠标，混合引用填充公式，此时相对引用地址改变，而绝对引用地址不变。例如，将I4单元格中的公式填充到I5单元格中，公式将调整为：

=$H5+$G5+$F5+E$4+D$4

学生成绩表

综上所述，如果用户需要在复制公式时能够固定引用某个单元格地址，则需要使用绝对引用符号$，加在行号或列号的前面。

在Excel中，用户可以使用F4键在各种引用类型中循环切换，其顺序如下。

绝对引用→行绝对列相对引用→行相对列绝对引用→相对引用

以公式=A2为例，在单元格中输入公式后按4下F4键，将依次变为：

=$A$2→=A$2→=$A2→=A2

7.2.4 合并区域引用

Excel除了允许对单个单元格或多个连续的单元格进行引用外，还支持对同一工作表中不连续的单元格区域进行引用，称为"合并区域"引用，用户可以使用联合运算符","将各个区域的引用间隔开，并在两端添加半角括号( )将其包含在内，具体如下。

【例7-6】 通过合并区域引用计算学生成绩排名。

● **视频+素材** (素材文件\第07章\例7-6)

step① 打开工作表后，在D4单元格中输入以下公式，并向下复制到D10单元格：

=RANK(C4,($C$4:$C$10,$G$4:$G$9))

step② 选择D4:D9单元格区域后，按下Ctrl+C组合键执行【复制】命令，然后选中H4单元格，按下Ctrl+V组合键执行【粘贴】命令。

学生成绩表

在本例所用公式中：

($C$4:$C$10,$G$4:$G$9)

为合并区域引用。

7.2.5 交叉引用

在使用公式时，用户可以利用交叉运算符(单个空格)取得两个单元格区域的交叉区域，具体方法如下。

【例7-7】 通过交叉引用筛选鲜花品种"黑王子"在6月份的销量。

● **视频+素材** (素材文件\第07章\例7-7)

step① 打开工作表后，在O2单元格中输入如下图所示的公式：

=G:G 3:3

按下 Enter 键即可在 O2 单元格中显示"黑王子"在 6 月份的销量。

在上例所示的公式中，G:G 代表 6 月份，3:3 代表"黑王子"所在的行，空格在这里的作用是引用运算符，分别对两个引用，引用其共同的单元格，本例为 G3 单元格。

7.2.6 绝对交集引用

在公式中，对单元格区域而不是单元格的引用按照单个单元格进行计算时，依靠公式所在的从属单元格与引用单元格之间的物理位置，返回交叉点值，称为"绝对交集"引用或者"隐含交叉"引用。如下图所示，O2 单元格中包含公式=G2:G5，并且未使用数组公式的方式编辑公式，该单元格返回的值为 G2，这是因为 O2 单元格和 G2 单元格位于同一行。

7.2.7 引用其他工作表

如果用户需要在公式中引用当前工作簿中其他工作表内的单元格区域，可以在公式编辑状态下使用鼠标单击相应的工作表标签，切换到该工作表选取需要的单元格区域。

【例 7-8】通过跨表引用其他工作表区域，统计学生的总成绩。

🔑 视频+素材 (素材文件\第 07 章\例 7-8)

step 1 在工作表中选中 D4 单元格，并输入公式：

=SUM(

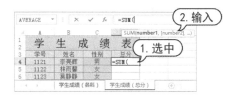

step 2 单击"学生成绩(各科)"工作表标签，选择 D4: H4 单元格区域，然后按下 Enter 键。

step 3 此时，在编辑栏中将自动在引用前添加工作表名称：

=SUM('学生成绩(各科)'!D4:H4)

跨表引用的表示方式为"工作表名+半角感叹号+引用区域"。当所引用的工作表名是以数字开头或者包含空格以及$、%、~、!、@、^、&、(、)、+、-、=、|、"、;、{、} 等特殊字符时，公式中被引用的工作表名称将被一对半角单引号包含，例如，将例 7-8 中的"学生成绩(各科)"工作表修改为"学生成绩"，则跨表引用公式将变为：

=SUM(学生成绩!D4:H4)

在使用 INDIRECT 函数进行跨表引用时，如果被引用的工作表名称包含空格或者上述字符，需要在工作表名前后加上半角单引号才能正确返回结果。

7.2.8 引用其他工作簿

当用户需要在公式中引用其他工作簿中工作表内的单元格区域时，公式的表示方式将为"[工作簿名称]工作表名!单元格引用"，例如，新建一个工作簿，并对例 7-8 中"学生成绩(各科)"工作表内的 D4: H4 单元格区域求和，公式如下：

=SUM(' [例 7-8.xlsx]学生成绩(各科)'!$D$4:$H$4)

当被引用单元格所在的工作簿关闭时，公式中将在工作簿名称前自动加上引用工作簿文件的路径。当路径或工作簿名称、工作表名称之一包含空格或相关特殊字符时，感叹号之前的部分需要使用一对半角单引号包含。

7.3 使用函数

Excel 2016 将具有特定功能的一组公式组合在一起形成函数。与直接使用公式进行计算相比较，使用函数进行计算的速度更快，同时减少了错误发生的概率。

7.3.1 函数的组成

Excel 中的函数实际上是一些预定义的公式，函数是运用一些称为参数的特定数据值按特定的顺序或者结构进行计算的公式。

Excel 提供了大量的内置函数，这些函数可以有一个或多个参数，并能够返回一个计算结果。函数一般包含等号、函数名和参数 3 部分：

=函数名(参数 1,参数 2,参数 3,…)

其中，函数名为需要执行运算的函数的名称。参数为函数使用的单元格或数值。例如，=SUM(A1:F10)，表示对 A1:F10 单元格区域内的所有数据求和。

Excel 函数的参数可以是常量、逻辑值、数组、错误值、单元格引用或嵌套函数等(其指定的参数都必须为有效参数值)，其各自的含义如下。

> 常量: 指的是不进行计算且不会发生改变的值，如数字 100 与文本"家庭日常支出情况"都是常量。

> 逻辑值：逻辑值指 TRUE(真值)或 FALSE(假值)。

> 数组：数组用于建立可生成多个结果或可对在行和列中排列的一组参数进行计算的单个公式。

> 错误值：即"#N/A""空值"或"_"等值。

> 单元格引用: 用于表示单元格在工作表中所处位置的坐标集合。

> 嵌套函数：嵌套函数就是将某个函数或公式作为另一个函数的参数使用。

Excel 函数包括【自动求和】【最近使用的函数】【财务】【逻辑】【文本】【日期和时间】【查找与引用】【数学和三角函数】以及【其他函数】这 9 大类上百个具体函数，每个函数的应用各不相同。

7.3.2 输入函数

函数主要按照特定的语法顺序使用参数(特定的数值)进行计算操作。

输入函数有两种较为常用的方法，一种是通过【插入函数】对话框插入，另一种是直接手动输入。

> **【例 7-9】打开"热卖数码销售汇总"工作簿，在工作表的 D9 单元格中插入求和函数,计算销售总额。**
> 🎥 视频+素材 (素材文件\第 07 章\例 7-9)

step 1 启动 Excel 2016，打开"热卖数码销售汇总"工作簿的 Sheet1 工作表。

step 2 选定 D9 单元格，然后打开【公式】选项卡，在【函数库】组中单击【插入函数】按钮。

step 3 打开【插入函数】对话框，在【选择函数】列表框中选择 SUM 函数，单击【确定】按钮。

step 4 打开【函数参数】对话框，单击【Number1】文本框右侧的 ↑ 按钮。

step 5 返回工作表中，选择要求和的单元格区域，这里选择 D3:D7 单元格区域，然后单击 ↓ 按钮。

step 6 返回【函数参数】对话框，单击【确定】按钮。此时，利用求和函数计算出 D3:D7 单元格区域中所有数据的和，并显示在 D9 单元格中。

7.3.3　常用的函数

Excel 软件提供了多种函数进行计算和应用，比如文本函数、日期函数、逻辑函数、查找函数等。

1. 文本函数

Excel 中常用的文本函数有以下几种。

▶ CODE 函数用于返回文本字符串中第一个字符所对应的数字代码。

▶ CLEAN 函数用于删除文本中含有的当前 Windows 操作系统无法打印的字符。

▶ LEFT 函数用于从指定的字符串中的最左边开始返回指定的字符数。

▶ LEN 和 LENB 函数可以统计字符长度，其中 LEN 函数可以对任意单个字符都按 1 个长度计算，LENB 函数对任意单个双字节字符按 2 个字符长度计算。

▶ MID 函数用于从文本字符串中提取指定的位置开始的特定数目的字符。

▶ RIGHT 函数用于从指定的字符串中的最右边开始返回指定的字符数。

以下图所示的表格为例，A 列源数据为产品类型与编号连在一起的文本，在 B、C 列使用公式将其分离。

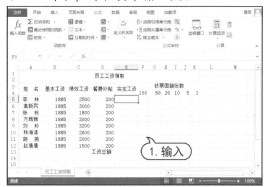

在 B3 单元格中使用公式：

=LEFT(A3,LENB(A3)-LEN(A3))

在 C3 单元格中使用公式：

=RIGHT(A3,2*LEN(A3)-LENB(A3))

其中 LENB 函数按照每个双字节字符(汉字名称)为 2 个长度计算，单字节字符按 1 个长度计算，因此，LENB(A3)-LEN(A3)可以求得单元格中双字节字符的个数，2*LEN(A)-LENB(A3)则可以求得单元格中单字节字符的个数。再使用 LEFT、RIGHT 函数分别从左侧、右侧截取相应个数的字符，得到产品型号、编号分类的结果。

2. 数学函数

Excel 中常用的数学函数有以下几种。

➤ ABS 函数用于计算指定数值的绝对值，绝对值是没有符号的。

➤ CEILING 函数用于将指定的数值按指定的条件进行舍入计算。

➤ EVEN 函数用于将指定的数值沿绝对值增大方向取整，并返回最接近的偶数。

➤ EXP 函数用于计算指定数值的幂，即返回 e 的 n 次幂。

➤ FACT 函数用于计算指定正数的阶乘(阶乘主要用于排列和组合的计算)，一个数的阶乘等于 1*2*3*…。

➤ FLOOR 函数用于将数值按指定的条件向下舍入计算。

➤ INT 函数用于将数字向下舍入到最接近的整数。

➤ MOD 函数用于返回两个数相除的余数。

➤ SUM 函数用于计算某一单元格区域中的所有数字之和。

> **【例 7-10】**新建"员工工资领取"工作表，使用 SUM 函数、INT 函数和 MOD 函数计算总工资、具体发放人民币情况。
>
> 📹 视频+素材 (素材文件\第 07 章\例 7-10)

step① 启动 Excel 2016，新建一个名为"员工工资领取"的工作簿，创建"员工工资领取"工作表，并在其中输入数据。

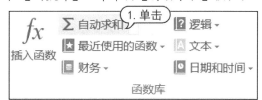

step② 选中 E5 单元格，打开【公式】选项卡，在【函数库】组中单击【自动求和】按钮。

step③ 插入 SUM 函数，并自动添加函数参数，按 Ctrl+Enter 组合键，计算出员工"李林"的实发工资。

step④ 选中 E5 单元格，将光标移至 E5 单元格右下角，待光标变为十字箭头时，按住鼠标左键向下拖至 E12 单元格中，释放鼠标，进行公式的复制，计算出其他员工的实发工资。

step 5 选中 F5 单元格，在编辑栏中使用 INT 函数输入公式 "=INT(E5/$F$4)"。

step 6 按下 Ctrl+Enter 组合键，即可计算出员工"李林"工资应发的 100 元面值人民币的张数。

step 7 接下来，使用相对引用的方法，复制公式到 F6:F12 单元格区域，计算出其他员工工资应发的 100 元面值人民币的张数。

step 8 选中 G5 单元格，在编辑栏中使用 INT 函数和 MOD 函数输入公式 "=INT(MOD(E5, $F$4)/$G$4)"。

step 9 按 Ctrl+Enter 组合键，即可计算出员工"李林"工资的剩余部分应发的 50 元面值人民币的张数。接下来，使用相对引用的方法，复制公式到 G5:G11 单元格区域，计算出其他员工工资的剩余部分应发的 50 元面值人民币的张数。

step 10 选中 H5 单元格，在编辑栏中输入公式 "=INT(MOD(MOD(E5,$F$4),$G$4)/$H$4)"，按 Ctrl+Enter 组合键，即可计算出员工"李林"工资的剩余部分应发的 20 元面值人民币的张数。接下来，使用相对引用的方法，复制公式到 H5:H11 单元格区域，计算出其他员工工资的剩余部分应发的 20 元面值人民币的张数。

step⑪ 使用同样的方法，计算出员工工资的剩余部分应发的 10 元、5 元和 1 元面值人民币的张数。

3. 三角函数

Excel 中常用的三角函数有以下几种。

➤ ACOS 函数用于返回数字的反余弦值，反余弦值是角度，其余弦值为数字。

➤ ACOSH 函数用于返回数字的反双曲余弦值。

➤ ASIN 函数用于返回参数的反正弦值。

➤ ASINH 函数用于返回参数的反双曲正弦值。

➤ ATAN 函数用于返回参数的反正切值。

➤ ATAN2 函数用于返回给定 X 以及 Y 坐标轴的反正切值。

➤ ATANH 函数用于返回参数的反双曲正切值。

➤ COS 函数用于返回指定角度的余弦值。

➤ COSH 函数用于返回参数的反双曲余弦值。

➤ DEGREES 函数用于将弧度转换为角度。

➤ RADIANS 函数用于将角度转换为弧度。

➤ SIN 函数用于返回指定角度的正弦值。

➤ SINH 函数用于返回参数的双曲正弦值。

➤ TAN 函数用于返回指定角度的正切值。

➤ TANH 函数用于返回参数的双曲正切值。

【例 7-11】新建"三角函数速查表"工作簿，使用 SIN 函数、COS 函数和 TAN 函数计算正弦值、余弦值和正切值。

🎬视频+素材 (素材文件\第 07 章\例 7-11)

step① 启动 Excel 2016，新建一个名为"三角函数速查表"的工作簿，并在其中输入数据。

step② 选中 C3 单元格，在【公式】选项卡的【函数库】组中单击【插入函数】按钮，打开【插入函数】对话框。在【或选择类别】下拉列表中选择【数学与三角函数】选项，在【选择函数】列表框中选择 RADIANS 选项，单击【确定】按钮。

step③ 打开【函数参数】对话框，在 Angle 文本框中输入"B3"，然后单击【确定】按钮。

step 4 此时，在 C3 单元格中将显示对应的弧度值。

step 5 使用相对引用，将公式复制到 C4:C19 单元格区域。

step 6 选中 D3 单元格，使用 SIN 函数在编辑栏中输入 "=SIN(C3)"，按 Ctrl+Enter 组合键，计算出对应的正弦值。

step 7 使用相对引用，将公式复制到 D4:D19 单元格区域。

step 8 选中 E3 单元格，使用 COS 函数在编辑栏中输入 "=COS(C3)"，按 Ctrl+Enter 组合键，计算出对应的余弦值。

step ⑨ 使用相对引用，将公式复制到 E4:E19 单元格区域。

step ⑩ 选中 F3 单元格，使用 TAN 函数在编辑栏中输入"=TAN(C3)"，按 Ctrl+Enter 组合键，计算出对应的正切值。

step ⑪ 使用相对引用，将公式复制到 F4:F19 单元格区域，完成表格。

4．财务函数

财务函数主要分为投资函数、折旧函数、本利函数和回报率函数 4 类，它们为财务分析提供了极大的便利。下面介绍几种常用的财务函数：

➤ AMORDEGRC 函数用于返回每个结算期间的折旧值。

➤ AMORLINC 函数用于返回每个结算期间的折旧值。

➤ DB 函数可以使用固定余额递减法计算一笔资产在给定时间内的折旧值。

➤ FV 函数可以基于固定利率及等额分期付款方式，返回某项投资的未来值。

以一个投资 20000 元的项目为例，预计该项目可以实现的年回报率为 8%，3 年后可获得的资金总额，可以在下图中的 B5 单元格中使用以下公式来计算：

$$=FV(B3,B4,,-B2)$$

5．统计函数

Excel 中常用的统计函数有以下几种。

➤ AVEDEV 函数用于返回一组数据与其均值的绝对偏差的平均值，该函数可以评测这组数据的离散度。

➤ COUNT 函数用于返回数字参数的个数，即统计数组或单元格区域中含有数字的单元格个数。

➤ COUNTBLANK 函数用于计算指定单元格区域中空白单元格的个数。

➤ MAX 函数用于返回一组值中的最大值。

➤ MIN 函数用于返回一组值中的最小值。

【例 7-12】在"学生成绩统计"工作簿中求出第一学期各个学生的各科平均成绩。

📹 视频+素材 (素材文件\第 07 章\例 7-12)

step 1 启动 Excel 2016，打开"学生成绩统计"工作簿的 Sheet1 工作表。

step 2 选定 H5 单元格，在【公式】选项卡的【函数库】组中单击【插入函数】按钮。

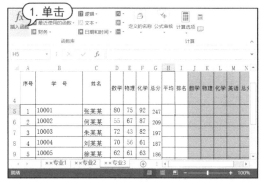

step 3 打开【插入函数】对话框，在【或选择类别】下拉列表框中选择【常用函数】选项，在【选择函数】列表中选择 AVERAGE 选项。

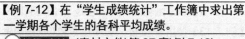

step 4 在【插入函数】对话框中单击【确定】按钮，打开【函数参数】对话框，在 Number1 文本框中输入 "D5:F5"，单击【确定】按钮。

step 5 系统即可自动计算学生"张某某"的各科平均成绩，并将结果显示在 G5 单元格中。

序号	学 号	姓名	数学	物理	化学	总分	平均
1	10001	张某某	80	75	92	247	82
2	10002	何某某	55	67	87	209	
3	10003	朱某某	72	43	82	197	
4	10004	刘某某	70	56	61	187	
5	10005	徐某某	62	61	63	186	
6	10006	马某某	87	92	93	272	
7	10007	周某某	93	95	98	286	

step 6 使用数据的自动填充功能，将该公式填充到 G6:G11 单元格区域中。

				学生成绩表						
专业：××××		层次：××科								
						第一学期				
序号	学 号	姓名	数学	物理	化学	总分	平均	排名	数学
1	10001	张某某	80	75	92	247	82		
2	10002	何某某	55	67	87	209	70		
3	10003	朱某某	72	43	82	197	66		
4	10004	刘某某	70	56	61	187	62		
5	10005	徐某某	62	61	63	186	62		
6	10006	马某某	87	92	93	272	91		
7	10007	周某某	93	95	98	286	95		

step 7 选中 D12 单元格，并在该单元格中输入函数 "=MAX(D5:D11)"。

9	5	10005	徐某某	62	61	63	186	62
10	6	10006	马某某	87	92	93	272	91
11	7	10007	周某某	93	95	98		
12				最高分	=MAX(D5:D11)			
13				最低分				
14								

1. 输入

step 8 选定 D13 单元格，并在该单元格中输入函数"=Min(D5:D11)"。

9	5	10005	徐某某	62	61	63	186	62
10	6	10006	马某某	87	92	93	272	91
11	7	10007	周某某	93	95	98		95
12				最高分	93			
13				最低分	=Min(D5:D11)			
14								

1. 输入

step 9 选定 D12:D13 单元格区域，将鼠标指针移至 D13 单元格右下角的小方块处，当鼠标指针变为"＋"形状时，按住鼠标左键不放并拖动至 H13 单元格，然后释放鼠标左键，即可求出单科、总成绩和平均分的最高分和最低分。

	A	B	C	D	E	F	G	H	I
1				学生成绩表					
2	专业：××××		层次：××科						
3				第一学期					
	序号	学　号	姓名	数学	物理	化学	总分	平均	排名
4									
5	1	10001	张某某	80	75	92	247	82	
6	2	10002	何某某	55	67	87	209	70	
7	3	10003	朱某某	72	43	82	197	66	
8	4	10004	刘某某	70	56	61	187	62	
9	5	10005	徐某某	62	61	63	186	62	
10	6	10006	马某某	87	92	93	272	91	
11	7	10007	周某某	93	95	98	286	95	
12				最高分	93	95	98	286	95
13				最低分	55	43	61	186	62
14									

6. 逻辑函数

Excel 中常用的逻辑函数有以下几种。

➢ AND 函数用于对多个逻辑值进行交集运算。

➢ IF 函数用于根据对所知条件进行判断，返回不同的结果。

➢ NOT 函数是求反函数，用于对参数的逻辑值求反。

➢ OR 函数用于判断逻辑值并集的计算结果。

➢ TRUE 函数用于返回逻辑值 TRUE。

【例 7-13】使用 IF 函数、NOT 函数和 OR 函数考评和筛选数据。

◎视频+素材 （素材文件\第 07 章\例 7-13）

step 1 启动 Excel 2016，新建一个名为"成绩统计"的工作簿，然后重命名 Sheet1 工作表为"考评和筛选"，并在其中创建数据。

1. 输入

step 2 选中 F3 单元格，在编辑栏中输入："=IF(AND(C3>=80,D3>=80,E3>80),"达标","没有达标")"。

1. 输入

step 3 按 Ctrl+Enter 组合键，对胡东进行成绩考评，满足考评条件，则考评结果为"达标"。

step 4 将光标移至 F3 单元格右下角，当光标变为实心十字形时，按住鼠标左键向下拖至 F8 单元格，进行公式填充。公式填充后，如果有一门功课小于 80，将返回运算结果"没有达标"。

step 5 选中 G3 单元格，在编辑栏中输入公式"=NOT(B3="否")"，按 Ctrl+Enter 组合键，返回结果 TRUE，筛选达标者与未达标者。

step 6 使用相对引用方式复制公式到 G4:G8 单元格区域，如果是达标者，则返回结果 TRUE；反之，则返回结果 FALSE。

7. 日期函数

日期函数主要由 DATE、DAY、TODAY、MONTH 等函数组成。

▷ DATE 函数用于将指定的日期转换为日期序列号。

▷ YEAR 函数用于返回指定日期所对应的年份。

▷ DAY 函数用于返回指定日期所对应的当月天数。

▷ MONTH 函数用于计算指定日期所对应的月份，是一个 1 月~12 月之间的整数。

▷ TODAY 函数用于返回当前系统的日期。

8. 时间函数

Excel 提供了多个时间函数，主要由 HOUR、MINUTE、SECOND、NOW、TIME 和 TIMEVALUE 6 个函数组成，用于处理时间对象，完成返回时间值、转换时间格式等与时间有关的分析和操作。

▷ HOUR 函数用于返回某一时间值或代表时间的序列数所对应的小时数，其返回值为 0(12:00AM)~23(11:00PM)之间的整数。

▷ MINUTE 函数用于返回某一时间值或代表时间的序列数所对应的分钟数，其返回值为 0~59 之间的整数。

▷ NOW 函数用于返回计算机系统内部时钟的当前时间。

▷ SECOND 函数用于返回某一时间值或代表时间的序列数所对应的秒数，其返回值为 0~59 之间的整数。

▷ TIME 函数用于将指定的小时、分钟和秒合并为时间，或者返回某一特定时间的小数值。

▷ TIMEVALUE 函数用于返回由文本字符串所代表的时间的即小数值，其值为 0~0.999999999 的数值，代表从 0:00:00(12:00:00 AM)~23:59:59 (11:59:59 PM)之间的时间。

9. 引用函数

Excel 中常用的引用函数有以下几种。

▷ ADDRESS 函数用于按照给定的行号和列标，建立文本类型的单元格地址。

▷ COLUMN 函数用于返回引用的列标。

▷ INDIRECT 函数用于返回由文本字符串指定的引用。

▷ ROW 函数用于返回引用的行号。

在下图表格的 A3:A8 单元格区域中使用以下函数，可以生成连续的序号：

=ROW(A1)

	A	B	C	D	E	F
1			期末成绩表			
2	编号	姓名	语文	数学	英语	总分
3	1	蒋海峰	80	119	108	307
4	2	季黎杰	92	102	81	319
5	3	姚志俊	95	92	80	322
6	4	陆金星	102	116	95	329
7	5	龚景勋	102	101	117	329
8	6	张悦熙	113	108	110	340

此时，若右击第 4 行，在弹出的快捷菜单中选择【插入】命令插入新行，原先设置的序号将不会由于行数的变化而混乱。

	A	B	C	D	E	F
1			期末成绩表			
2	编号	姓名	语文	数学	英语	总分
3	1	蒋海峰	80	119	108	307
4						
5	2	季黎杰	92	102	81	319
6	3	姚志俊	95	92	80	322
7	5	陆金星	102	116	95	329
8	6	龚景勋	102	101	117	329
9	7	张悦熙	113	108	110	340

10. 查找函数

Excel 中常用的查找函数有以下几种。

➢ AREAS 函数用于返回引用中包含的区域(连续的单元格区域或某个单元格)个数。

➢ RTD 函数用于从支持 COM 自动化的程序中检索实时数据。

➢ CHOOSE 函数用于从给定的参数中返回指定的值。

➢ VLOOKUP 和 HLOOKUP 函数是用户在表格中查找数据时使用频率最高的函数。这两个函数可以实现一些简单的数据查询，例如从考试成绩表中查询一个学生的姓名、在电话簿中查找某个联系人的电话号码等。

例如在下图中的 G3 单元格中输入以下公式:

=VLOOKUP(G2,$A$1:$D$7,2)

	A	B	C	D	E	F	G	H
1	学号	姓名	语文	数学		数据查找实例		
2	1001	蒋海峰	80	119		查询学号	1005	
3	1002	季黎杰	92	102		查询姓名	龚景勋	
4	1003	姚志俊	95	92				
5	1004	陆金星	102	116				
6	1005	龚景勋	102	101				
7	1006	张悦熙	113	108				
8								

7.4 使用名称

名称是工作簿中某些项目或数据的标识符。在公式或函数中使用名称代替数据区域进行计算，可以使公式更为简洁，从而避免输入错误。

7.4.1 定义名称

为了方便处理 Excel 数据，可以将一些常用的单元格区域定义为特定的名称。定义名称的步骤如下所示。

【例 7-14】在"成绩表"工作簿中，定义单元格区域名称。

视频+素材 (素材文件\第 07 章\例 7-14)

step 1 启动 Excel 2016，打开"成绩表"工作簿的 Sheet1 工作表。

step 2 选定 E2:E14 单元格区域，打开【公式】选项卡，在【定义的名称】组中单击【定义名称】按钮。

step 3 打开【新建名称】对话框，在【名称】文本框中输入单元格区域的名称，在【引用位置】文本框中可以修改单元格区域，单击【确定】按钮，完成名称的定义。

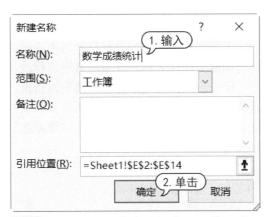

step 4 此时，即可在名称框中显示单元格区域的名称。

step 5 选定 F2:F14 单元格区域并右击，然后在弹出的快捷菜单中选择【定义名称】命令。打开【新建名称】对话框，在【名称】文本框中输入单元格区域的名称并单击【确定】按钮。

step 6 使用相同的方法，将 G2:G14 单元格区域新建名称为"哲学成绩统计"，将 E2:G14 单元格区域新建名称为"achievement"。打开【公式】选项卡，在【定义的名称】组中单击【名称管理器】按钮，打开【名称管理器】对话框，查看新建的名称。

7.4.2 使用名称

定义了单元格区域的名称后，可以使用名称来代替单元格区域进行计算。

step 1 启动 Excel 2016，打开"成绩表"工作簿的 Sheet1 工作表。

step 2 选定 A15:D15 单元格区域，打开【开始】选项卡，在【对齐方式】组中单击【合并后居中】按钮，合并单元格，并在其中输入文本"每门功课的平均分"。

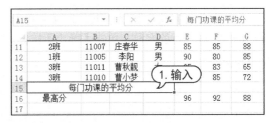

step 3 选定 E15 单元格，在编辑栏中输入公式"=AVERAGE(数学成绩统计)"，按 Ctrl+Enter 组合键，计算出数学成绩的平均分。

7.4.3 编辑名称

在使用名称的过程中，用户可以根据需要使用名称管理器对名称进行重命名、更改单元格区域以及删除等操作。

1. 名称的重命名

要重命名名称，用户可以在【公式】选项卡的【定义的名称】组中单击【名称管理器】按钮，打开【名称管理器】对话框。选择需要重命名的名称，然后单击【编辑】按钮。

打开【编辑名称】对话框，在【名称】文本框中输入新的名称，单击【确定】按钮。

2. 更改名称的单元格区域

若发现定义名称的单元格区域不正确，这时则需要使用名称管理器对其进行修改。

用户可以打开【名称管理器】对话框，选择要更改的名称，单击【引用位置】文本框右侧的 ⊡ 按钮，返回工作表中，重新选取单元格区域。

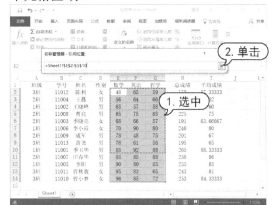

然后单击 ⊡ 按钮，返回【名称管理器】对话框，此时，在【引用位置】文本框显示更改后的单元格区域，单击 ✓ 按钮，单击【关闭】按钮，关闭对话框即可更改名称的单元格区域。

3. 删除名称

通常情况下，可以对多余的或未被使用过的名称进行删除。打开【名称管理器】对话框，选择要删除的名称，单击【删除】按钮，此时，系统会自动打开对话框，提示用户是否确定要删除该名称，单击【确定】按钮即可。

7.5　案例演练

本章的案例演练部分是应用时间函数等几个实例操作，用户通过练习从而巩固本章所学知识。

7.5.1　应用时间函数

【例 7-15】使用时间函数统计员工上班时间，计算员工迟到的罚款金额。

视频+素材 (素材文件\第 07 章\例 7-15)

step 1 启动 Excel 2016，新建一个名为"公司考勤表"的工作簿，并在其中创建数据和套用表格样式。

step 2 选中 C3 单元格，打开【公式】选项卡，在【函数库】组中单击【插入函数】按钮，打开【插入函数】对话框。然后在该对话框的【或选择类别】下拉列表框中选择【日期和时间】选项，在【选择函数】列表框中选择 HOUR 选项，并单击【确定】按钮。

step 3 打开【函数参数】对话框，在 Serial_number 文本框中输入 B3，单击【确定】按钮，统计出员工"李林"的刷卡小时数。

step 4 使用相对引用方式填充公式至 C4:C12 单元格区域，统计所有员工的刷卡小时数。

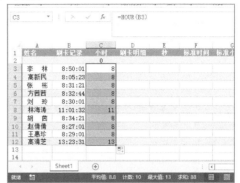

step 5 选中 D3 单元格，在编辑栏中输入公式"=MINUTE(B3)"，按 Ctrl+Enter 组合键，统计出员工"李林"的刷卡分钟数。

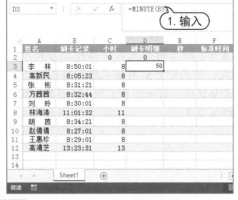

step 6 使用相对引用方式填充公式至 D4:D12 单元格区域，统计所有员工刷卡的分钟数。

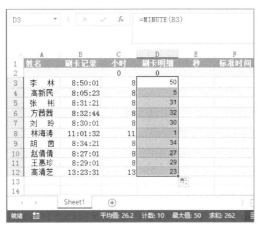

step 7 选中 E3 单元格，在编辑栏中输入公式"=SECOND(B3)"。按 Ctrl+Enter 组合键，统计出员工"李林"的刷卡秒数。使用相对引用方式填充公式至 E4:E12 单元格区域，统计所有员工刷卡的秒数。

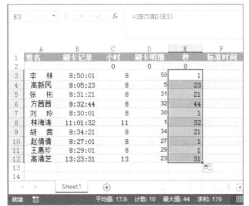

step 8 选中 F3 单元格，然后在编辑栏中输入公式"=TIME(C3,D3,E3)"。按下 Ctrl+Enter 组合键，即可将指定的数据转换为标准时间格式。使用相对引用方式填充公式到 F4:F12 单元格区域，将所有员工刷卡的时间转换为标准时间格式。

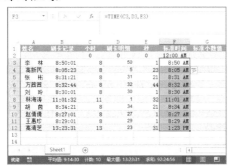

step 9 选中 G3 单元格，在编辑栏中输入公式"=TIMEVALUE("8:50:01")"。按 Ctrl+Enter 组合键，将员工"李林"的标准时间转换为小数值。

step 10 使用同样的方法，计算其他员工刷卡标准时间的小数值。

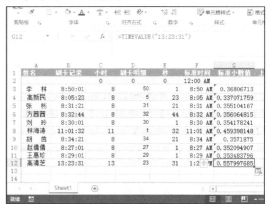

step 11 选中 H3 单元格，输入公式"=TIME(8,30,0)"。按 Ctrl+Enter 组合键，输入公司规定的上班时间为 8:30:00 AM，此处的格式为标准时间格式。使用相对引用方式填充公式至 H3:H12 单元格区域，输入规定的标准时间格式的上班时间。

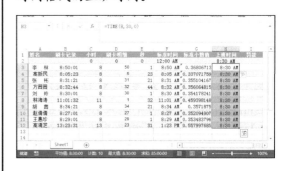

step 12 选中 I3 单元格，输入公式"=IF(F4<H4,"",IF(MINUTE(F4-H4)>30,"50 元 ","20 元"))"。按 Ctrl+Enter 组合键，计算"李林"的罚款金额，空值表示该员工未迟到。使用相对引用方式填充公式至 I4:I12 单元格区域，计算出迟到员工的罚款金额。

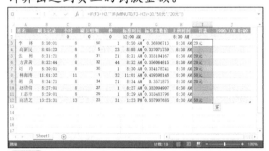

step 13 选中 J2 单元格，输入公式"=NOW()"。按 Ctrl+Enter 组合键，返回当前系统的时间。

7.5.2 应用日期函数

【例 7-16】在"贷款借还信息统计"工作簿中使用日期函数统计借还款信息。

视频+素材（光盘素材\第 07 章\例 7-16）

step 1 新建"贷款借还信息统计"工作簿，在 Sheet1 工作表中输入数据。

step 2 选中 C3 单元格，打开【公式】选项卡，在【函数库】组中单击【插入函数】按钮，打开【插入函数】对话框。在【或选择类别】下拉列表框中选择【日期和时间】选项，在【选择函数】列表框中选择 WEEKDAY 选项，单击【确定】按钮。

step 3 打开【函数参数】对话框，在 Serial_number 文本框中输入 B3，在 Return_type 文本框中输入 2，单击【确定】按钮，计算出还款日期所对应的星期数为 7，即星期日。

step 4 将光标移至 C3 单元格右下角，当光标变成实心十字形状时，按住鼠标左键向下拖动到 C10 单元格，然后释放鼠标左键，即可进行公式填充，并返回计算结果，计算出还款日期所对应的星期数。

step 5 在 D3 单元格输入公式："=DATEVALUE("2017/3/12")-DATEVALUE("2017/3/2")"。

step 6 按 Ctrl+Enter 组合键，即可计算出借款日期和还款日期的间隔天数。

step 7 使用 DAYS360 也可计算借款日期和还款日期的间隔天数，选中 D4 单元格，在编辑栏中输入公式"=DAYS360(A4,B4,FALSE)"，按 Ctrl+Enter 组合键即可。

	A	B	C	D	E
D4			fx	=DAYS360(A4,B4,FALSE)	
1 2	借款日期	还款日期	星期	天数	占有百分比
3	2017/3/2	2017/3/12	7	10	
4	2017/3/3	2017/3/13	1	10	
5	2017/3/4	2017/3/14	2		
6	2017/3/5	2017/3/15	3		
7	2017/3/6	2017/3/16	4		
8	2017/3/7	2017/3/17	5		
9	2017/3/8	2017/3/18	6		
10	2017/3/9	2017/3/19	7		
11					

step⑧ 使用相对引用方式,计算出所有的借款日期和还款日期的间隔天数。

step⑨ 在 E3 单元格中输入公式"=YEARFRAC(A3,B3,3)"。

step⑩ 按 Ctrl+Enter 组合键,即可以"实际天数/365"为计数基准类型计算出借款日期和还款日期之间的天数占全年天数的百分比。

	A	B	C	D	E
E3			fx	=YEARFRAC(A3,B3,3)	
1 2	借款日期	还款日期	星期	天数	占有百分比
3	2017/3/2	2017/3/12	7	10	2.74%
4	2017/3/3	2017/3/13	1	10	
5	2017/3/4	2017/3/14	2	10	
6	2017/3/5	2017/3/15	3	10	
7	2017/3/6	2017/3/16	4	10	
8	2017/3/7	2017/3/17	5	10	
9	2017/3/8	2017/3/18	6	10	
10	2017/3/9	2017/3/19	7	10	
11					
12					

step⑪ 使用相对引用方式,计算出所有借款日期和还款日期之间的天数占全年天数的百分比。

step⑫ 在 F3 单元格中输入公式"=IF(DATEDIF(A3,B3,"D")>50,"超过还款日","没有超过还款日")",按 Ctrl+Enter 组合键,即可判断还款天数是否超过到期还款日。

step⑬ 将光标移至 F3 单元格右下角,当光标变为实心十字形状时,按住鼠标左键向下拖动到 F10 单元格,然后释放鼠标,即可进行公式填充,并返回计算结果,判断所有的还款天数是否超过到期还款日。

step⑭ 选中 C12 单元格,在编辑栏中输入公式"=TODAY()"。

	A	B	C	D	E	F
WEEKDAY			fx	=TODAY()		
1 2	借款日期	还款日期	星期	天数	占有百分比	是否超过还款期限
3	2017/3/2	2017/3/12	7	10	2.74%	没有超过还款日
4	2017/3/3	2017/3/13	1	10	2.74%	没有超过还款日
5	2017/3/4	2017/3/14	2	10	2.74%	没有超过还款日
6	2017/3/5	2017/3/15	3	10	2.74%	没有超过还款日
7	2017/3/6	2017/3/16	4	10	2.74%	没有超过还款日
8	2017/3/7	2017/3/17	5	10	2.74%	没有超过还款日
9	2017/3/8	2017/3/18	6	10	2.74%	没有超过还款日
10	2017/3/9	2017/3/19	7	10	2.74%	没有超过还款日
11						
12			=TODAY()			
13						

step⑮ 按 Ctrl+Enter 组合键,计算出当前系统的日期。

第8章

管理和分析表格数据

　　在 Excel 2016 中经常需要对 Excel 中的数据进行管理与分析，将数据按照一定的规律进行排序、筛选、分类汇总等操作，帮助用户更容易地整理电子表格中的数据。本章将介绍管理电子表格数据的各种方法和技巧。

 **本章对应视频**

8.1 数据排序

数据排序是指按一定规则对数据进行整理、排列，这样可以为数据的进一步处理做好准备。Excel 2016提供了多种方法对数据清单进行排序，可以按升序、降序的方式，也可以按用户自定义的方式排序。

8.1.1 简单排序

Excel 2016默认的排序是根据单元格中的数据进行升序或降序排序。这种排序方式就是单条件排序。比如按升序排序时，Excel 2016自动按如下顺序进行排列。

➤ 数值从最小的负数到最大的正数顺序排列。

➤ 逻辑值FALSE在前，TRUE在后。

➤ 空格排在最后。

比如选中下图"奖金"列中的任意单元格，在【数据】选项卡的【排序和筛选】组中单击【降序】按钮，即可快速以"降序"重新排列数据表"奖金"列中的数据。

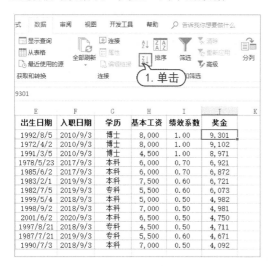

出生日期	入职日期	学历	基本工资	绩效系数	奖金	K
1992/8/5	2010/9/3	博士	8,000	1.00	9,301	
1972/4/2	2010/9/3	博士	8,000	1.00	9,102	
1991/3/5	2010/9/3	博士	4,500	1.00	8,971	
1978/5/23	2017/9/3	本科	6,000	0.70	6,921	
1985/6/2	2017/9/3	本科	6,000	0.70	6,872	
1983/2/1	2019/9/3	本科	7,500	0.60	6,721	
1982/7/5	2019/9/3	专科	5,500	0.60	6,073	
1999/5/4	2018/9/3	本科	5,000	0.50	4,982	
1998/9/2	2018/9/3	本科	7,000	0.50	4,981	
2001/6/2	2020/9/3	本科	4,500	0.50	4,750	
1997/8/21	2019/9/3	专科	4,500	0.50	4,711	
1987/7/21	2019/9/3	专科	5,500	0.60	4,671	
1990/7/3	2018/9/3	本科	7,000	0.50	4,092	

同样，单击【排序和筛选】组中的【升序】按钮，可以将"奖金"列中的数据升序排列。

8.1.2 多条件排序

在Excel中，按指定的多个条件排序数据可以有效避免排序时出现多个数据相同的情况，从而使排序结果符合工作的需要。

【例8-1】 在"员工信息表"工作表中按多个条件排序表格数据。

🎬 视频+素材 (素材文件\第08章\例8-1)

step 1 选择【数据】选项卡，然后单击【排序和筛选】组中的【排序】按钮。

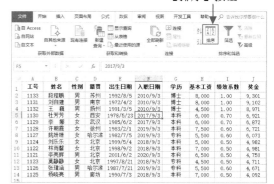

step 2 在打开的【排序】对话框中单击【主要关键字】下拉列表按钮，在弹出的下拉列表中选择【奖金】选项；单击【排序依据】下拉列表按钮，在弹出的下拉列表中选中【单元格值】选项；单击【次序】下拉列表按钮，在弹出的下拉列表中选中【降序】选项。

step 3 在【排序】对话框中单击【添加条件】按钮，添加次要关键字，然后单击【次要关键字】下拉列表按钮，在弹出的下拉列表中选择【绩效系数】选项；单击【排序依据】下拉列表按钮，在弹出的下拉列表中选择【单元格值】选项；单击【次序】下拉列表按钮，在弹出的下拉列表中选择【降序】选项。

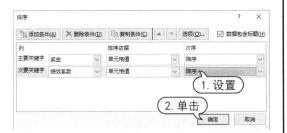

step ④ 完成以上设置后，在【排序】对话框中单击【确定】按钮，即可按照"奖金"和"绩效系数"数据的"降序"条件对工作表中选定的数据进行排序。

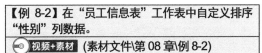

8.1.3 自定义条件排序

在 Excel 中，用户除了可以按上面介绍的各种条件排序数据以外，还可以根据需要自行设置排序的条件，即自定义条件排序。

【例 8-2】在"员工信息表"工作表中自定义排序"性别"列数据。

⊙视频+素材 (素材文件\第 08 章\例 8-2)

step ① 打开工作表后选中数据表中的任意单元格，在【数据】选项卡的【排序和筛选】组中单击【排序】按钮。

step ② 打开【排序】对话框，单击【主要关键字】下拉列表按钮，在弹出的下拉列表中选择【性别】选项；单击【次序】下拉列表按钮，在弹出的下拉列表中选择【自定义序列】选项。

step ③ 在打开的【自定义序列】对话框的【输入序列】文本框中输入自定义排序条件"男，女"后，单击【添加】按钮，然后单击【确定】按钮。

step ④ 返回【排序】对话框后，在该对话框中单击【确定】按钮，即可完成自定义排序操作。

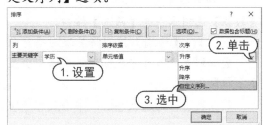

使用类似的方法，还可以对"员工信息表"中的"学历"列进行排序，例如按照博士、本科、专科规则排序数据的方法如下。

step ① 打开【排序】对话框，将【主要关键词】设置为【学历】，然后单击【次序】下拉列表按钮，在弹出的下拉列表中选择【自定义序列】选项。

step② 在打开的【自定义序列】对话框的【输入序列】文本框中输入自定义排序条件"博士,本科,专科",然后单击【添加】按钮和【确定】按钮。

step③ 返回【排序】对话框，单击【确定】按钮后，"学历"列的排序效果如下图所示。

F	G	H	I
入职日期	学历	基本工资	绩效系数
2010/9/3	博士	8,000	1.00
2010/9/3	博士	8,000	1.00
2010/9/3	博士	4,500	1.00
2017/9/3	本科	6,000	0.70
2017/9/3	本科	6,000	0.70
2020/9/3	本科	6,500	0.50
2018/9/3	本科	7,000	0.50
2018/9/3	本科	5,000	0.50
2019/9/3	本科	7,500	0.60
2018/9/3	本科	7,000	0.50
2019/9/3	专科	4,500	0.50
2019/9/3	专科	5,500	0.60
2019/9/3	专科	5,500	0.60

8.1.4 排序的注意事项

当对数据表进行排序时，用户应注意含有公式的单元格。如果要对行进行排序，在排序之后的数据表中对同一行的其他单元格的引用可能是正确的，但对不同行的单元格的引用则可能是不正确的。

如果用户对列执行排序操作，在排序之后的数据表中对同一列的其他单元格的引用可能是正确的，但对不同列的单元格的引用则可能是错误的。

为了避免在对含有公式的数据表中排序数据时出现错误，用户应注意以下几点：

➤ 数据表单元格中的公式引用了数据表外的单元格数据时，应使用绝对引用。

➤ 在对行排序时，应避免使用引用其他行单元格的公式。

➤ 在对列排序时，应避免使用引用其他列单元格的公式。

8.2 数据筛选

筛选是一种用于查找数据清单中数据的快速方法。经过筛选后的数据清单只显示包含指定条件的数据行，以供用户浏览、分析之用。

8.2.1 普通筛选

在数据表中，用户可以执行以下操作进入筛选状态。

step① 选中数据表中的任意单元格后，单击【数据】选项卡中的【筛选】按钮。

step② 此时，【筛选】按钮将呈现为高亮状态，数据列表中所有字段标题单元格中会显示下拉箭头。

数据表进行筛选状态后，单击其每个字段标题单元格右侧的下拉按钮，都将弹出下拉菜单(如下图所示)。不同数据类型的字段所能够使用的筛选选项也不同。

筛选选项

完成筛选后，被筛选字段的下拉按钮形状会发生改变，同时数据列表中的行号颜色也会发生改变。

被筛选字段行号　　　　筛选字段下拉按钮

在执行普通筛选时，用户可以根据数据字段的特征设定筛选的条件。

1. 按文本特征筛选

在筛选文本型数据字段时，在筛选下拉菜单中选择【文本筛选】命令，在弹出的子菜单中进行相应的选择。

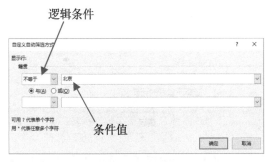

此时，无论选择哪一个选项，都会打开如下图所示的【自定义自动筛选方式】对话框。

逻辑条件

条件值

在【自定义自动筛选方式】对话框中，用户可以同时选择逻辑条件和输入具体的条

件值，完成自定义的筛选。例如，上图所示为筛选出籍贯不等于"北京"的所有数据，单击【确定】按钮后，筛选结果如下。

2. 按数字特征筛选

在筛选数值型数据字段时，筛选下拉菜单中会显示【数字筛选】命令，用户选择该命令后，在显示的子菜单中，选择具体的筛选逻辑条件，将打开【自定义自动筛选方式】对话框。

在【自定义自动筛选方式】对话框中，通过选择具体的逻辑条件，并输入具体的条件值，才能完成筛选操作。

筛选基本工资等于 500 的字段

3. 按日期特征筛选

在筛选日期型数据时，筛选下拉菜单将显示【日期筛选】命令，选择该命令后，在显示的子菜单中选择具体的筛选逻辑条件，将直接执行相应的筛选操作。

在上图所示的子菜单中选择【自定义筛选】命令，将打开下图所示的【自定义自动筛选方式】对话框，在该对话框中用户可以设置按具体的日期值进行筛选。

8.2.2 高级筛选

Excel 的高级筛选功能不但包含了普通筛选的所有功能，还可以设置更多、更复杂的筛选条件，例如：

➤ 设置复杂的筛选条件，将筛选出的结果输出到指定的位置。

➤ 指定计算的筛选条件。

➤ 筛选出不重复的数据记录。

1. 设置筛选条件区域

高级筛选要求用户在一个工作表区域中指定筛选条件，并与数据表分开。

筛选条件

一个高级筛选条件区域至少要包括两行数据(如上图所示)，第 1 行是列标题，应和数据表中的标题匹配；第 2 行必须由筛选条件值构成。

2. 使用"关系与"条件

以上图所示的数据表为例，设置"关系与"条件筛选数据的方法如下。

【例 8-3】使用高级筛选功能，将数据表中性别为"女"，基本工资为"5000"的数据记录筛选出来。
🎬 视频+素材 (光盘素材\第 08 章\例 8-3)

step 1 打开上图所示的工作表后，选中数据表中的任意单元格，单击【数据】选项卡中的【高级】按钮。

step 2 打开【高级筛选】对话框，单击【条件区域】文本框后的按钮。

step 3 选中 A16:B17 单元格区域后，按下 Enter 键返回【高级筛选】对话框，单击【确定】按钮，即可完成筛选操作，结果如下图所示。

入条件区域，并在标题下面的多行中分别输入需要筛选的姓氏(具体操作步骤与例 8-3 类似，这里不再详细介绍)。

筛选条件

5. 同时使用"关系与"和"关系或"条件

若用户需要同时使用"关系与"和"关系或"作为高级筛选的条件，例如筛选数据表中"籍贯"为"北京"，"学历"为"本科"，基本工资大于 4000 的记录；或者筛选"籍贯"为"哈尔滨"，学历为"大专"，基本工资小于 6000 的记录；或者筛选"籍贯"为"南京"的所有记录，可以设置下图所示的筛选条件(具体操作步骤与例 8-3 类似，这里不再详细介绍)。

筛选条件

6. 筛选不重复的记录

如果需要将数据表中的不重复数据筛选出来，并复制到"筛选结果"表格中，可以执行以下操作。

step 1 选择"筛选结果"工作表，单击【数据】选项卡中的【高级】按钮，打开【高级筛选】对话框。

step 2 单击【高级筛选】对话框中【列表区域】文本框后的按钮，然后选择"员工信息表"工作表，选取 A1:J14 区域。

如果用户不希望将筛选结果显示在数据表原来的位置，还可以在【高级筛选】对话框中选中【将筛选结果复制到其他位置】单选按钮，然后单击【复制到】文本框后的按钮，指定筛选结果放置的位置后，返回【高级筛选】对话框，单击【确定】按钮即可。

3. 使用"关系或"条件

以下图所示的条件为例，通过"高级筛选"功能将"性别"为"女"或"籍贯"为"北京"的数据筛选出来，只需要参照例 8-3 介绍的方法操作即可。

筛选条件

4. 使用多个"关系或"条件

以下图所示的条件为例，通过"高级筛选"功能，可以将数据表中指定姓氏的姓名记录筛选出来。此时，应将"姓名"标题列

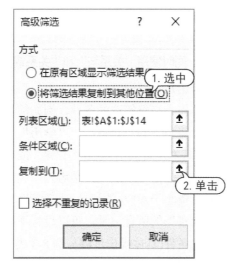

step ③ 按下 Enter 键返回【高级筛选】对话框，选中【将筛选结果复制到其他位置】单选按钮。单击【复制到】文本框后的 ↑ 按钮。

高级筛选
[对话框示意图]
方式
○ 在原有区域显示筛选结果(F)   1. 选中
◉ 将筛选结果复制到其他位置(O)
列表区域(L)：表!$A$1:$J$14
条件区域(C)：
复制到(T)：   2. 单击
□ 选择不重复的记录(R)
确定   取消

step ④ 选取 A1 单元格，按下 Enter 键再次返回【高级筛选】对话框，选中【选择不重复的记录】复选框，单击【确定】按钮完成筛选，效果如下图所示。

[表格截图：员工信息表/筛选结果]

8.2.3　模糊筛选

用于在数据表中筛选的条件，如果不能明确指定某项内容，而是某一类内容(例如"姓名"列中的某一个字)，可以使用 Excel 提供的通配符来进行筛选，即模糊筛选。

模糊筛选中通配符的使用必须借助【自定义自动筛选方式】对话框来实现，并允许

使用两种通配符条件，可以使用"？"代表一个(且仅有一个)字符，使用"＊"代表 0 到任意多个连续字符。

Excel 中有关通配符的使用说明，如下表所示。

条　件		符合条件的数据
等于	S*r	Summer，Server
等于	王?燕	王小燕，王大燕
等于	K???1	Kitt1，Kua1
等于	P*n	Python，Psn
包含	~?	可筛选出含有?的数据
包含	~*	可筛选出含有*的数据

例如要在下图的"人事档案"工作表中筛选出姓"刘"且是 3 个字的名字的数据。首先选中 A3:A22 单元格区域，单击【数据】选项卡中的【筛选】按钮，使表格进入筛选模式。

单击 A3 单元格里的下拉按钮，在弹出的菜单中选择【文本筛选】|【自定义筛选】命令。

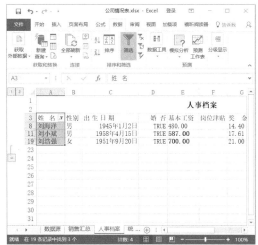

打开【自定义自动筛选方式】对话框，选择条件类型为"等于"，并在其后的文本框内输入"刘??"，然后单击【确定】按钮

此时，筛选出姓"刘"且是 3 个字的名字的数据。

如果用户需要取消对指定列的筛选，可以单击该列标题右侧的下拉列表按钮，在弹出的筛选菜单中选择【全选】选项。

如果需要取消数据表中的所有筛选，可以单击【数据】选项卡【排序和筛选】组中的【清除】按钮。

8.3　分级显示

使用 Excel 的"分级显示"功能可以将包含类似标题并且行列数据较多的数据表进行组合和汇总。分级后将自动产生工作表视图的符号(例如加号、减号和数字 1、2、3 等)，单击这些符号可以显示或隐藏明细数据，如下图所示。

分级显示

8.3.1　创建分级显示

使用分级显示可以快速显示摘要行或摘要列，或者显示每组的明细数据。分级显示既可以单独创建行或列的分级显示，也可以

同时创建行和列的分级显示，但在某一个数据表中只能创建一个分级显示，一个分级显示最多允许有 8 层嵌套数据。

以创建上图所示的分级显示为例，用户将用于创建分级显示的数据表整理好后，单

击【数据】选项卡【分级显示】组中的【组合】|【自动建立分级显示】按钮即可。

成功建立分级显示后，单击行或列上的分级显示符号 1，可以将分级显示的二级汇总数据隐藏；单击分级显示符号 2，则可以查看分级显示工作表的二级汇总数据。

如果用户需要以自定义的方式创建分级显示，可以在选中自定义的分组小节数据之后，单击【数据】选项卡中的【组合】|【组合】按钮，并在打开的【组合】对话框中单击【确定】按钮。

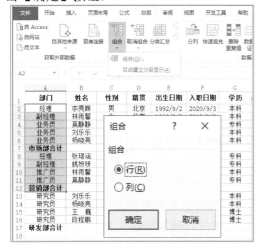

此时，将创建如下图所示的自定义分组。

选中图中的 A2:A7 单元格区域，再次单击【数据】选项卡中的【组合】|【组合】按钮，在打开的【组合】对话框中单击【确定】按钮，可以对第一次分组后得到的小节中的小节进一步分组，如下图所示。

8.3.2 关闭分级显示

如果用户需要将数据表恢复到创建分级显示以前的状态，只需要单击【数据】选项卡中的【取消组合】按钮，在打开的【取消组合】对话框中选择需要关闭的分级行或列后，单击【确定】按钮即可。

8.4 分类汇总数据

分类汇总数据，即在按某一条件对数据进行分类的同时，对同一类别中的数据进行统计运算。分类汇总被广泛应用于财务、统计等领域，用户要灵活掌握其使用方法。

8.4.1 创建分类汇总

Excel 2016 可以在数据清单中自动计算分类汇总及总计值。用户只需指定需要进行分类汇总的数据项、待汇总的数值和用于计算的函数(例如，求和函数)即可。如果使用自动分类汇总，工作表必须组织成具有列标志的数据清单。在创建分类汇总之前，用户必须先根据需要对分类汇总的数据列进行数据清单排序。

【例 8-4】在"模拟考试成绩汇总"工作簿中，将表中的数据按班级排序后分类，并汇总各班级的平均成绩。

视频+素材 (素材文件\第 08 章\例 8-4)

step 1 启动 Excel 2016，打开"模拟考试成绩汇总"工作簿的 Sheet1 工作表。

step 2 选定【班级】列，选择【数据】选项卡，在【排序和筛选】组中单击【升序】按钮。打开【排序提醒】对话框，保持默认设置，单击【排序】按钮，对工作表按【班级】升序进行分类排序。

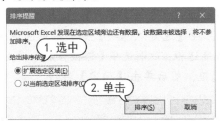

step 3 选定任意一个单元格，选择【数据】选项卡，在【分级显示】组中单击【分类汇总】按钮，打开【分类汇总】对话框，在【分类字段】下拉列表框中选择【班级】选项；在【汇总方式】下拉列表框中选择【平均值】选项；在【选定汇总项】列表框中选中【成绩】复选框；分别选中【替换当前分类汇总】与【汇总结果显示在数据下方】复选框，最后单击【确定】按钮。

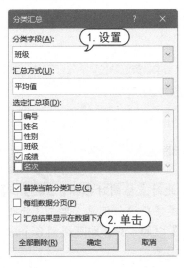

step 4 返回工作簿窗口，表中的数据按班级分类，并汇总各班级的平均成绩。

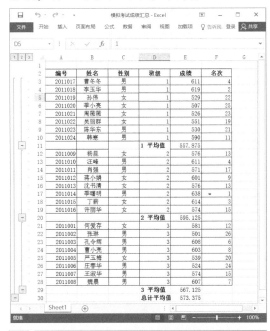

实用技巧

在创建分类汇总前，用户必须先对该数据进行数据清单排序的操作，使得分类字段的同类数据排列在一起，否则在执行分类汇总操作后，Excel 只会对连续相同的数据进行汇总。

8.4.2　多重分类汇总

Excel 2016 有时需要同时按照多个分类项来对表格数据进行汇总计算。此时的多重分类汇总需要遵循以下 3 个原则。

➤ 先按分类项的优先级别顺序对表格中的相关字段排序。

➤ 按分类项的优先级顺序多次执行【分类汇总】命令，并设置详细参数。

➤ 从第二次执行【分类汇总】命令开始，需要取消选中【分类汇总】对话框中的【替换当前分类汇总】复选框。

【例 8-5】在"模拟考试成绩汇总"工作簿中，对每个班级的男女成绩进行汇总。

视频+素材 (素材文件\第 08 章\例 8-5)

step 1 启动 Excel 2016，打开"模拟考试成绩汇总"工作簿的 Sheet1 工作表。

step 2 选中任意一个单元格，在【数据】选项卡中单击【排序】按钮，在弹出的【排序】对话框中设置【主要关键字】为【班级】，然后单击【添加条件】按钮。

step 3 在【次要关键字】里选择【性别】选项，然后单击【确定】按钮，完成排序。

step 4 单击【数据】选项卡中的【分类汇总】按钮，打开【分类汇总】对话框，设置【分类字段】为【班级】，【汇总方式】为【求和】，在【选定汇总项】列表框中选中【成绩】复选框，然后单击【确定】按钮。

step 5 此时，完成第一次分类汇总。

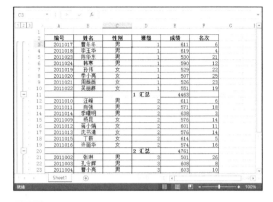

step 6 再次单击【数据】选项卡中的【分类汇总】按钮，打开【分类汇总】对话框，设置【分类字段】为【性别】，汇总方式为【求和】，在【选定汇总项】列表框中选中【成绩】复选框，取消选中【替换当前分类汇总】复选框，然后单击【确定】按钮。

step 7 此时表格同时根据【班级】和【性别】两个分类字段进行汇总，单击【分级显示控制按钮】中的"3"，即可得到各个班级的男女成绩汇总。

8.4.3　隐藏与显示分类汇总

为了方便查看数据，可将分类汇总后暂时不需要使用的数据隐藏，减小界面的占用空间。当需要查看时，再将其显示。

选中一个分类数据单元格，选择【数据】选项卡，在【分级显示】组中单击【隐藏明细数据】按钮，即可隐藏该分类数据记录。单击【显示明细数据】按钮，即可重新显示该分类数据记录。

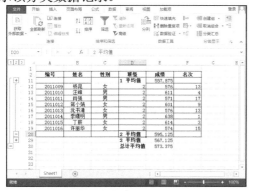

查看完分类汇总，当用户不再需要分类汇总表格中的数据时，可以删除分类汇总，将电子表格返回原来的工作状态。

用户可以在【数据】选项卡的【分级显示】组中单击【分类汇总】按钮。打开【分类汇总】对话框，单击【全部删除】按钮，然后单击【确定】按钮。

8.5　制作图表

在 Excel 电子表格中，通过插入图表可以更直观地表现表格中数据的发展趋势或分布状况，用户可以创建、编辑和修改各种图表来分析表格内的数据。

8.5.1　图表概述

图表的基本结构包括：图表区、绘图区、图表标题、数据系列、网格线、图例等，如右图所示。

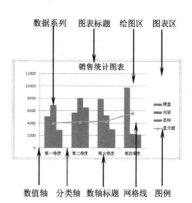

1. 图表的结构

图表各组成部分的介绍如下。

➤ 图表区：在 Excel 2016 中，图表区指的是包含绘制的整张图表及图表中元素的区域。如果要复制或移动图表，必须先选定图表区。

➤ 绘图区：图表中的整个绘制区域。二维图表和三维图表的绘图区有所区别。在二维图表中，绘图区是以坐标轴为界并包括全部数据系列的区域；而在三维图表中，绘图区是以坐标轴为界并包含数据系列、分类名称、刻度线和坐标轴标题的区域。

➤ 图表标题：图表标题在图表中起到说明的作用，是图表性质的大致概括和内容总结，它相当于一篇文章的标题并可用来定义图表的名称。它可以自动与坐标轴对齐或居中排列于图表坐标轴的外侧。

➤ 数据系列：在 Excel 中数据系列又称为分类，它指的是图表上的一组相关数据点。在 Excel 2016 图表中，每个数据系列都用不同的颜色和图案加以区分。每一个数据系列分别来自于工作表的某一行或某一列。在同一张图表中(除了饼图外)可以绘制多个数据系列。

➤ 网格线：图表中从坐标轴刻度线延伸并贯穿整个绘图区的可选线条系列。网格线的形式有水平的、垂直的、主要的、次要的等，还可以对它们进行组合。

➤ 图例：在图表中，图例是包围图例项和图例项标示的方框，每个图例项左边的图例项标示和图表中相应数据系列的颜色与图案一致。

➤ 数轴标题：用于标记分类轴和数值轴的名称，在 Excel 2016 默认设置下其位于图表的下面和左面。

2. 图表的类型

Excel 2016 提供了多种图表，如柱形图、折线图、饼图、条形图、面积图和散点图等，各种图表各有优点，适用于不同的场合。

➤ 柱形图：可直观地对数据进行对比分析并呈现对比结果。在 Excel 2016 中，柱形图又可细分为二维柱形图、三维柱形图、圆柱图、圆锥图和棱锥图。

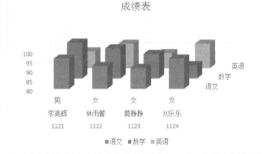

➤ 折线图：折线图可直观地显示数据的走势情况。在 Excel 2016 中，折线图又分为二维折线图与三维折线图。

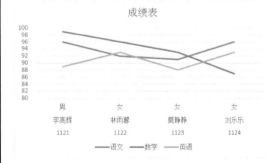

➤ 饼图：能直观地显示数据的占有比例，而且比较美观。在 Excel 2016 中，饼图又可分为二维饼图、三维饼图、复合饼图等多种形式。

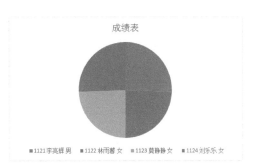

▶ 条形图：就是横向的柱形图，其作用也与柱形图相同，可直观地对数据进行对比分析。在 Excel 2016 中，条形图又可分为簇状条形图、堆积条形图等。

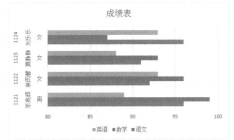

▶ 面积图：能直观地显示数据的大小与走势范围。在 Excel 2016 中，面积图又可分为二维面积图与三维面积图。

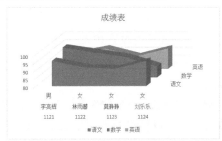

▶ 散点图：可以直观地显示图表数据点的精确值，以便对图表数据进行统计计算。

另外，除了上面介绍的图表外，Excel 2016 还包括股价图、曲面图、组合图、瀑布图、漏斗图、旭日图、树状图以及雷达图等图表。

8.5.2　插入图表

插入与编辑图表是使用 Excel 制作专业图表的基本操作。要创建图表，首先需要在工作表中为图表提供数据，然后根据数据的展现需求，选择需要创建的图标类型。Excel 提供了以下两种创建图表的方法。

▶ 选中目标数据后，使用【插入】选项卡的【图表】组中的按钮创建图表。

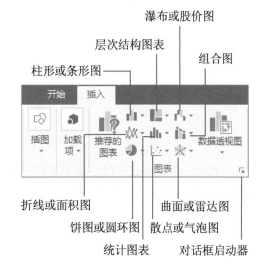

▶ 选中目标数据后，使用【插入图表】对话框可以快速创建常用图表。

【例 8-6】创建"学生成绩表"工作表，使用【插入图表】对话框创建图表。
📀 视频+素材　(素材文件\第 08 章\例 8-6)

step① 创建"学生成绩表"工作表，然后选中 A2:F6 单元格区域。

学 生 成 绩 表					
学号	姓名	性别	语文	数学	英语
1121	李亮辉	男	96	99	89
1122	林雨馨	女	92	96	93
1123	莫静静	女	91	93	88
1124	刘乐乐	女	96	87	93

step② 选择【插入】选项卡，在【图表】组中单击对话框启动器按钮，打开【插入图表】对话框。

step③ 在【插入图表】对话框中选择【所有图表】选项卡，然后在该选项卡左侧的导航窗格中选择图表类型，在右侧的列表框中选择一种图表类型，并单击【确定】按钮。

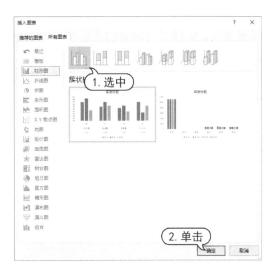

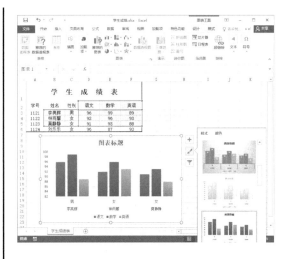

step④ 此时，在工作表中创建如下图所示的图表，Excel 软件将自动打开【图表工具】的【设计】选项卡。

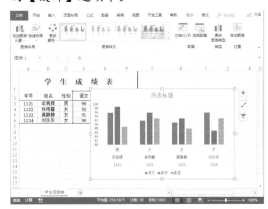

在 Excel 2016 中，按 Alt+F1 组合键或者按 F11 键可以快速创建图表。使用 Alt+F1 组合键创建的是嵌入式图表，而使用 F11 快捷键创建的是图表工作表。在 Excel 2016 功能区中，打开【插入】选项卡，使用【图表】组中的图表按钮可以方便地创建各种图表。

单击图表右侧的【图表筛选器】按钮▼，在打开的对话框中可以选择图表中显示的数据项，完成后单击【应用】按钮即可。单击图表右侧的【图表元素】按钮➕，在打开的对话框中可以设置图表中显示的图表元素。单击图表右侧的【图表样式】按钮✎，在打开的对话框中可以修改图表的样式。

8.5.3　编辑图表

图表创建完成后，Excel 2016 自动打开【图表工具】的【设计】和【格式】选项卡，在其中可以调整图表的位置和大小，还可以设置图表的样式和布局等。

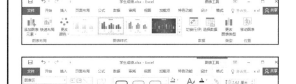

1. 调整图表的位置和大小

创建完图表后，可以调整图表的位置和大小。

选中图表后，在【格式】选项卡的【大小】组中可以精确地设置图表的大小。

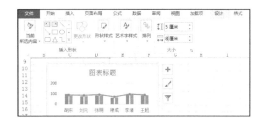

还可以通过鼠标拖动的方法来设置图表的大小。将光标移动至图表的右下角，当光标变成双向箭头形状时，按住鼠标左键，向左上角拖动表示缩小图表，向右下角拖动表示放大图表。

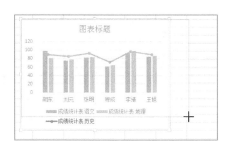

若要移动图表，选中图表后，将光标移动至图表区，当光标变成十字箭头形状时，按住鼠标左键，拖动到目标位置后释放鼠标，即可将图表移动至该位置。

2. 更改图表类型

Excel 提供了多种大型图表和子图表类型，成功创建图表后，如果需要对图表的类型进行修改，可以在选中图表后，单击【设计】选项卡【类型】组中的【更改图表类型】按钮。

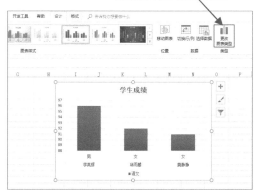

打开【更改图表类型】对话框，选择【所有图表】选项卡，然后在该选项卡中选取一种图表类型后，单击【确定】按钮即可。

按照以上方法更改图表类型后，原图表中所有的数据系列都会被修改。

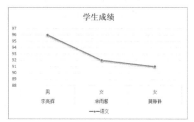

此外，选中图表后在【插入】选项卡的【图表】组中单击特定的图表按钮，也可以快速修改图表的类型。

3. 编辑数据系列

图表中的数据系列可以引用图表中单元格区域中的数据，也可以直接输入数据构成系列值。

【例8-7】修改"销售情况"图表中的"销售实绩"数据系列。

视频+素材　(素材文件\第 08 章\例 8-7)

step 1　选中下图所示的图表后，单击【设计】选项卡【数据】组中的【选择数据】按钮。

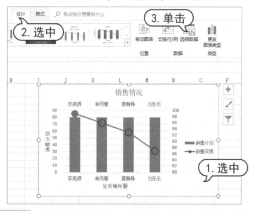

step 2　打开【选择数据源】对话框，选中【销售实绩】选项，单击【编辑】按钮。

step 3 打开【编辑数据系列】对话框，在【系列名称】文本框中输入【实际销售】，在【系列值】文本框中输入新的销售计划系列值 "78,89,87,63"，单击【确定】按钮。

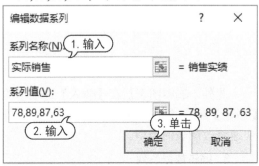

step 4 返回【选择数据源】对话框，单击【确定】按钮，图表效果如下图所示。

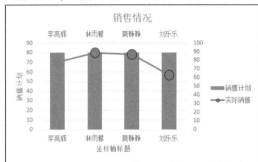

执行上例介绍的操作，在打开的【选择数据源】对话框中除了可以编辑已有的数据系列以外，用户还可以对数据系列执行添加、删除、切换行/列等操作。

4. 设置图表元素

设置图表元素就是对图表中的各种元素单独进行的调整，使其在形状、颜色、文字等方面能够满足图表整体效果的设计需求。

选择【布局】或【格式】选项卡，单击【图表元素】下拉按钮，从弹出的下拉列表中选择各元素进行设置。

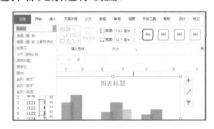

图表区是图表的整个区域，图表区格式的设置相当于设置图表的背景。选中图表区后单击【格式】选项卡【当前所选内容】组中的【设置所选内容格式】按钮(或者双击图表区中的空白处)，在显示的【设置图表区格式】窗格中可以设置图表区的格式。

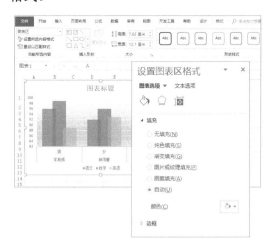

图表的绘图区位于图表中由坐标轴围成的区域，如下图所示。

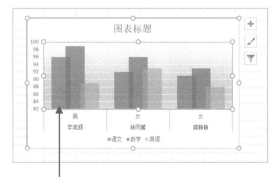

这个有渐变色背景的区域就是绘图区

选中图表中的绘图区，在【格式】选项卡【当前所选内容】组中单击【设置所选内容格式】按钮，在显示的【设置绘图区格式】窗格中，可以设置绘图区的格式，例如填充、边框、阴影、发光、柔化边缘、三维格式等。绘图区格式的设置与图表区格式的设置方法类似。

选中数据系列后,在【格式】选项卡【当前所选内容】组中单击【设置所选内容格式】按钮,可以在打开的【设置数据系列格式】窗格中设置数据系列格式。

数据点是数据系列图形中的一个形状,对应工作表中某一个单元格内的数据。

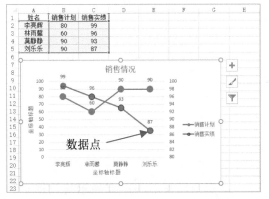

选中图表中的数据点,在【格式】选项卡的【当前所选内容】组中单击【设置所选内容格式】按钮,即可打开下图所示的窗格,设置数据点的格式。数据点的设置方法与上面介绍的数据系列的设置方法类似,这里不再详细介绍。

此外还可以设置坐标轴、数据标签、网格线、图例等图表元素。

5. 设置图表背景

在 Excel 2016 中,用户可以为图表设置背景,对于一些三维立体图表还可以设置图表的背景墙与基底背景。

选中图表的绘图区,打开【格式】选项卡,在【形状样式】组中单击【其他】按钮，在弹出的列表框中可以设置绘图区的背景颜色。

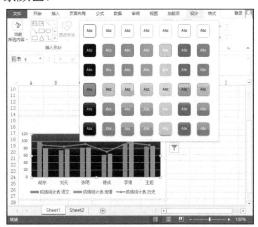

三维图表与二维图表相比多了一个面,因此在设置图表背景的时候需要分别设置图表的背景墙与基底背景。

比如在【格式】选项卡中单击【当前所选内容】组中的【图表区】下拉列表按钮,在弹出的下拉列表中选中【基底】选项。

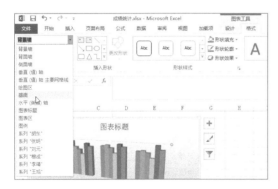

在打开的【设置基底格式】窗格中选中【纯色填充】单选按钮，然后单击 按钮，在弹出的面板中设置基底颜色。

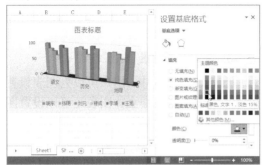

6. 添加图表分析线

在 Excel 中，用户可以在图表中添加趋势线、折线、涨/跌柱线、误差线等，帮助分析数据。

趋势线可以添加在非堆积型二维面积图、折线图、柱形图、气泡图、条形图等图表的数据系列中，其作用是以图形的方式显示数据的预测趋势并用于预测分析，也被称为回归分析。

选中图表后，单击图表右上角的+按钮，在弹出的菜单中选择【趋势线】复选框，然后单击该复选框后的三角按钮，从弹出的子菜单中选择一种趋势线类型，即可为图表设置趋势线。

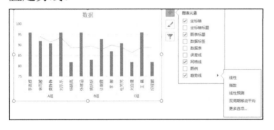

双击图表中的趋势线，在显示的【设置趋势线格式】窗格中，用户可以设置趋势线的类型和格式。Excel 提供了 6 种不同的趋势预测/回归分析类型，包括指数、线性、对数、多项式、乘幂和移动平均。

涨/跌柱线是连接不同数据系列的对应数据点之间的柱形，可以在包含两个以上数据系列的二维折线图中显示。

选中图表后，单击图表右上方的+按钮，在弹出的菜单中选择【涨/跌柱线】复选框，即可为图表添加涨/跌柱线。

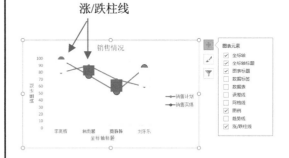

误差线以图形的形式显示与数据系列中每个数据标志相关的误差量。

选中图表后，单击图表右上角的+按钮，在弹出的菜单中选择【误差线】复选框，然后单击该复选框后的三角按钮，从弹出的子菜单中选择一种误差线类型，即可为图表设置误差线。

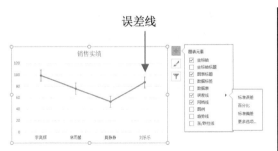

双击图表中的误差线,在显示的【设置误差线格式】窗格中,用户可以设置误差线的类型和误差值。

8.6 制作数据透视表和数据透视图

数据透视表是一种对大量数据快速汇总和建立交叉列表的交互式表格。数据透视图可以看作是数据透视表和图表的结合,它以图形的形式表示数据透视表中的数据。

8.6.1 创建数据透视表

数据透视表是一种从 Excel 数据表、关系数据库文件或 OLAP 多维数据集中的特殊字段中总结信息的分析工具,它能够对大量数据快速汇总并建立交叉列表的交互式动态表格,帮助用户分析、组织数据。

年份	(全部)		
行标签	求和项:销售金额	求和项:单价	求和项:数量
⊟阿玛尼	1931400	26100	222
华东	661200	8700	76
华南	1270200	17400	146
⊟卡西欧	2218750	29600	225
东北	776000	9700	80
华南	1442750	19900	145
⊟浪琴	3353600	40400	664
东北	448800	5100	88
华北	1629800	20300	321
华东	1275000	15000	255
⊟天梭	1687500	22500	225
华东	1065000	15000	142
华中	622500	7500	83
总计	9191250	118600	1336

数据透视表的结构分为以下几个部分:

➢ 行区域:该区域中的按钮作为数据透视表的行字段。

➢ 列区域:该区域中的按钮作为数据透视表的列字段。

➢ 数值区域:该区域中的按钮作为数据透视表的显示汇总的数据。

➢ 报表筛选区域:该区域中的按钮将作为数据透视表的分页符。

要创建数据透视表,必须连接一个数据来源并输入报表的位置。数据透视表会自动将数据源中的数据按用户设置的布局进行分类,从而方便用户分析表中的数据。

在 Excel 中,用户可以通过以下几种类型的数据源创建数据透视表。

➢ 数据表:使用数据表创建数据透视表时,数据表的标题行不能存在空白单元格。

➢ 外部数据源:例如文本文件、SQL数据库文件、Access 数据库文件等。

➢ 多个独立的 Excel 数据表:用户可以将多个独立表格中的数据汇总在一起创建数据透视表。

➢ 其他数据透视表:在 Excel 中创建的数据透视表也可以作为数据源来创建另外的数据透视表。

【例 8-8】在"产品销售"工作表中创建数据透视表。

🎬 视频+素材 (素材文件\第 08 章\例 8-8)

step 1 打开"产品销售"工作表，选中数据表中的任意单元格，选择【插入】选项卡，单击【表格】组中的【数据透视表】按钮。

step 2 打开【创建数据透视表】对话框，选中【现有工作表】单选按钮，单击 按钮。

step 3 单击 H1 单元格，然后按下 Enter 键。

step 4 返回【创建数据透视表】对话框后，在该对话框中单击【确定】按钮。在显示的【数据透视表字段】窗格中，选中需要在数据透视表中显示的字段。

step 5 最后，单击工作表中的任意单元格，关闭【数据透视表字段】窗格，完成数据透视表的创建。

行标签	求和项:年份	求和项:数量	求和项:单价	求和项:销售金额
⊟东北	4058	168	14800	1224800
卡西欧	2029	80	9700	776000
浪琴	2029	88	5100	448800
⊟华北	8113	321	20300	1629800
浪琴	8113	321	20300	1629800
⊟华东	12171	473	38700	3001200
阿玛尼	2029	76	8700	661200
浪琴	6086	255	15000	1275000
天梭	4056	142	15000	1065000
⊟华南	8116	291	37300	2712950
阿玛尼	4058	146	17400	1270200
卡西欧	4058	145	19900	1442750
⊟华中	2028	83	7500	622500
天梭	2028	83	7500	622500
总计	34486	1336	118600	9191250

完成数据透视表的创建后，在【数据透视表字段】窗格中选中具体的字段，将其拖动到窗格底部的【筛选】【列】【行】和【值】等区域，可以调整字段在数据透视表中显示的位置。

完成后的数据透视表的结构设置如下图所示。

年份	(全部)		
行标签	求和项:数量	求和项:单价	求和项:销售金额
⊟东北	168	14800	1224800
卡西欧	80	9700	776000
浪琴	88	5100	448800
⊟华北	321	20300	1629800
浪琴	321	20300	1629800
⊟华东	473	38700	3001200
阿玛尼	76	8700	661200
浪琴	255	15000	1275000
天梭	142	15000	1065000
⊟华南	291	37300	2712950
阿玛尼	146	17400	1270200
卡西欧	145	19900	1442750
⊟华中	83	7500	622500
天梭	83	7500	622500
总计	1336	118600	9191250

在【数据透视表字段】窗格中，清晰地反映了数据透视表的结构，在该窗格中用户可以向数据透视表中添加、删除、移动字段，并设置字段的格式。

8.6.2 布局数据透视表

用户在【数据透视表字段】窗格中拖动字段按钮，即可调整数据透视表的布局。以例 9-1 创建的数据透视表为例，如果需要调整"地区"和"品名"的结构次序，可以在【数据透视表字段】窗格的【行】区域中拖动这两个字段的位置。

此时，数据透视表的结构将发生改变。

年份	(全部)		
行标签	求和项:数量	求和项:单价	求和项:销售金额
□阿玛尼	222	26100	1931400
华东	76	8700	661200
华南	146	17400	1270200
□卡西欧	225	29600	2218750
东北	80	9700	776000
华南	145	19900	1442750
□浪琴	664	40400	3353600
东北	88	5100	448800
华北	321	20300	1629800
华东	255	15000	1275000
□天梭	225	22500	1687500
华东	142	15000	1065000
华中	83	7500	622500
总计	1336	118600	9191250

当字段显示在数据透视表的列区域或行区域时，将显示字段中的所有项。但如果字段位于筛选区域中，其所有项都将成为数据透视表的筛选条件。用户可以控制在数据透视表中只显示满足筛选条件的项。

1. 显示筛选字段的多个数据项

若用户需要对报表筛选字段中的多个项进行筛选，可以参考以下方法。

step 1 单击数据透视表筛选字段中【年份】后的下拉按钮，在弹出的下拉列表中选中

【选择多项】复选框。

step 2 选中需要显示年份数据前的复选框，然后单击【确定】按钮。

完成以上操作后，数据透视表的内容也将发生相应的变化。

2. 显示报表筛选页

通过选择报表筛选字段中的项目，用户可以对数据透视表的内容进行筛选，筛选结果仍然显示在同一个表格内。

【例 8-9】快速生成数据分析报表。
视频+素材 (素材文件\第 08 章\例 8-9)

step 1 打开如下图所示的工作表，选中 H1 单元格，单击【插入】选项卡中的【数据透视表】按钮。

step 2 打开【创建数据透视表】对话框，单击【表/区域】文本框后的按钮。

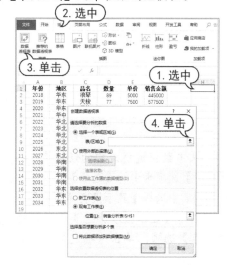

step ③ 选中 A1：F18 单元格区域后按下 Enter 键。

step ④ 返回【创建数据透视表】对话框，单击【确定】按钮，打开【数据透视表字段】窗格，选中【选择要添加到报表的字段】列表中的所有选项，将【行】区域中的【地区】和【品名】字段拖动到【筛选】区域，将【值】区域中的【年份】字段拖动到【行】区域。

step ⑤ 选中数据透视表中的任意单元格，单击【分析】选项卡中的【选项】下拉按钮，在弹出的列表中选择【显示报表筛选页】选项。

step ⑥ 打开【显示报表筛选页】对话框，选中【品名】选项，单击【确定】按钮。

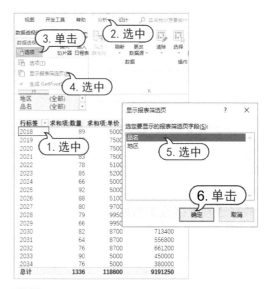

step ⑦ 此时，Excel 将根据【品名】字段中的数据，创建对应的工作表。效果如下面的 4 个图所示。

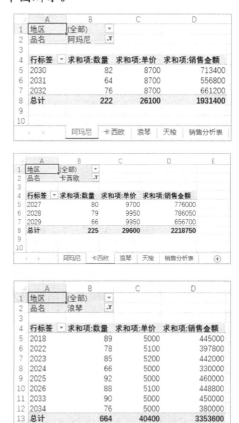

3. 移动数据透视表

对于已经创建好的数据透视表，不仅可以在当前工作表中移动位置，还可以将其移动到其他工作表中。移动后的数据透视表保留原位置数据透视表的所有属性与设置，不用担心由于移动数据透视表而造成数据出错的故障。

【例8-10】将"销售分析"工作表中的数据透视表移动到"数据分析表"工作表中。

视频+素材（素材文件\第08章\例8-10）

step 1 打开"销售分析"工作表后，选中数据分析表中的任意单元格，单击【分析】选项卡中的【移动数据透视表】按钮。

step 2 打开【移动数据透视表】对话框，选中【现有工作表】单选按钮。

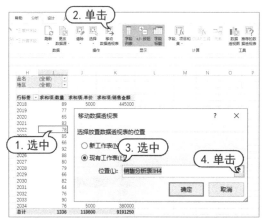

step 3 单击【位置】文本框后的 按钮，选择"数据分析表"工作表的A1单元格，按下 Enter 键，返回【移动数据透视表】对话框，单击【确定】按钮即可。

此时，"销售分析"工作表中的数据透视表将被删除。

4. 使用计算字段

在数据透视表中，Excel 不允许用户手动更改或者移动任何区域，也不能在数据透视表中插入单元格或添加公式进行计算。如果用户需要在数据透视表中执行自定义计算，就需要使用【插入计算字段】或【计算项】功能。

以下图所示的数据透视表为例，如果用户需要对其中的"销售金额"进行 3%的销售人员提成计算，可以执行以下操作。

step 1 选中"销售金额"列字段中的任意项，选择【开始】选项卡，单击【单元格】组中的【插入】下拉按钮，在弹出的下拉列表中选择【插入计算字段】选项。

step② 打开【插入计算字段】对话框，在【名称】文本框中输入"提成"，在【公式】文本框中输入"=销售金额*0.03"。

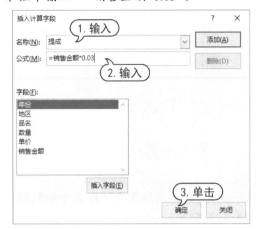

step③ 单击【确定】按钮，数据透视表中将新增一个名为"提成"的字段。

品名	(全部)		
地区	(全部)		

行标签	求和项:数量	求和项:单价	求和项:销售金额	求和项:提成
2018	89	5000	445000	13350
2019	77	7500	577500	17325
2020	65	7500	487500	14625
2021	83	7500	622500	18675
2022	78	5100	397800	11934
2023	85	5200	442000	13260
2024	66	5000	330000	9900
2025	92	5000	460000	13800
2026	88	5100	448800	13464
2027	80	9700	776000	23280
2028	79	9950	786050	23581.5
2029	66	9950	656700	19701
2030	82	8700	713400	21402
2031	64	8700	556800	16704
2032	76	8700	661200	19836
2033	90	5000	450000	13500
2034	76	5000	380000	11400
总计	1336	118600	9191250	275737.5

如果用户需要删除已有的计算字段，可以在【插入计算字段】对话框中的【字段】列表框中选中计算字段的名称后，单击【删除】按钮。

以下图所示的数据透视表为例，如果需要得到所有饮料的总数量，可以执行以下操作。

step① 选中数据透视表中的任意列字段项，单击【分析】选项卡中的【字段、项目和集】下拉按钮，在弹出的列表中选择【计算项】选项。

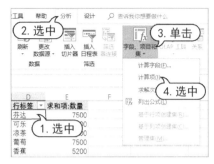

step② 打开【在"产品"中插入计算字段】对话框，在【名称】文本框中输入"饮料"，删除【公式】文本框中的"=0"，选中【字段】列表框中的【产品】选项和【项】列表框中的【芬达】选项，单击【插入项】按钮。

step③ 输入"+"号，单击【项】列表框中的【可乐】选项，单击【插入项】按钮，再输入"+"号，单击【项】列表框中的【凉茶】选项，单击【插入项】按钮。

step④ 单击【确定】按钮，即可在数据透视表底部得到所有饮料的数量汇总值。

8.6.3 创建数据透视图

数据透视图是针对数据透视表统计出的数据进行展示的一种手段。通过创建好的数据透视表，用户可以快速简单地创建数据透视图。

【例 8-11】使用例 8-10 创建的数据透视表，创建数据透视图。

📀视频+素材 (素材文件\第 08 章\例 8-11)

step 1 选中下图所示工作表中的整个数据透视表，然后选择【分析】选项卡，并单击【工具】组中的【数据透视图】按钮。

step 2 在打开的【插入图表】对话框中选中一种数据透视图样式后，单击【确定】按钮。

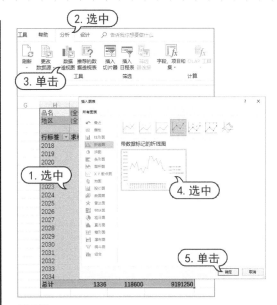

step 3 返回工作表后，即可看到创建的数据透视图效果。

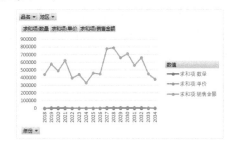

8.7 案例演练

本章的案例演练部分是创建并布局数据透视表这个实例操作，用户通过练习从而巩固本章所学知识。

【例 8-12】在"模拟考试成绩汇总"工作簿中，创建并布局数据透视表。

📀视频+素材 (素材文件\第 08 章\例 8-12)

step 1 启动 Excel 2016，打开"模拟考试成绩汇总"工作簿的 Sheet1 工作表。

step 2 选择【插入】选项卡，在【表格】组中单击【数据透视表】按钮，打开【创建数据透视表】对话框，在【请选择要分析的数据】选项区域中选中【选择一个表或区域】单选按钮，然后单击圞按钮，选定 A2:F26 单元格区域；在【选择放置数据透视表的位置】选项区域中选中【新工作表】单选按钮，单击【确定】按钮。

step 3 此时，在工作簿中添加一个新工作表 Sheet2，同时插入数据透视表。

step 4 在【数据透视表字段】窗格的【选择要添加到报表的字段】列表中分别选中【姓名】【性别】【班级】【成绩】和【名次】字段前的复选框，此时，可以看到各字段已经添加到数据透视表中。

step 5 在【数据透视表字段】窗格中的【值】列表框中单击【求和项：名次】下拉按钮，从弹出的菜单中选择【删除字段】命令。此时在数据透视表内删除该字段。

step 6 在【值】列表框中单击【求和项：班级】下拉按钮，从弹出的菜单中选择【移动到报表筛选】命令，此时将该字段移动到【报表筛选】列表框中。

step 7 在【行】列表框中选择【性别】字段，按住鼠标左键拖动到【列】列表框中，释放鼠标，即可移动该字段。将 Sheet2 工作表命名为"数据透视表"。

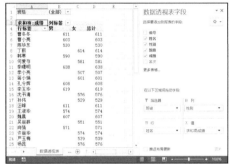

step 8 在【选择要添加到报表的字段】列表中右击【编号】字段，从弹出的菜单中选择【添加到行标签】命令。

step 9 打开【数据透视表工具】的【设计】选项卡，在【布局】组中单击【报表布局】按钮，从弹出的菜单中选择【以表格形式显示】命令。此时，数据透视报表将以表格的形式显示在工作表中。

第9章

PowerPoint 2016 办公基础

PowerPoint 2016 是 Office 组件中一款用来制作演示文稿的软件，为用户提供了丰富的背景和配色方案，用于制作精美的幻灯片效果。本章将介绍 PowerPoint 2016 的基础内容。

本章对应视频

9.1　创建演示文稿

在 PowerPoint 中，用户可以创建各种多媒体演示文稿。演示文稿中的每一页称为幻灯片，每张幻灯片都是演示文稿中既相互独立又相互联系的内容。本节将介绍多种创建演示文稿的方法。

9.1.1　创建空白演示文稿

空白演示文稿是一种形式最简单的演示文稿，没有应用模板设计、配色方案以及动画方案，可以自由设计。创建空白演示文稿的方法主要有以下两种。

➤ 在 PowerPoint 启动界面中创建空白演示文稿：启动 PowerPoint 2016 后，在打开的界面中选择【空白演示文稿】选项。

➤ 在【新建】界面中创建空白演示文稿：选择【文件】选项卡，在打开的界面中选中【新建】选项，打开【新建】界面。接下来，在【新建】界面中选择【空白演示文稿】选项。

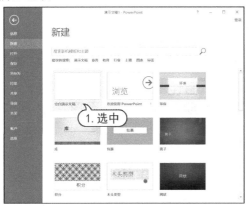

9.1.2　使用模板创建演示文稿

PowerPoint 除了可以创建最简单的空白演示文稿外，还可以根据自定义模板和内置模板创建演示文稿。模板是一种以特殊格式保存的演示文稿，一旦应用了一种模板后，幻灯片的背景图形、配色方案等就都已经确定，所以套用模板可以提高新建演示文稿的效率。

PowerPoint 提供了许多美观的设计模板，这些设计模板将演示文稿的样式、风格，包括幻灯片的背景、装饰图案、文字布局及颜色、大小等均预先定义好。用户在设计演示文稿时可以先选择演示文稿的整体风格，然后再进行进一步的编辑和修改。

启动 PowerPoint 2016 后，在启动界面中选择【欢迎使用 PowerPoint】选项，然后在打开的对话框中单击【创建】按钮。

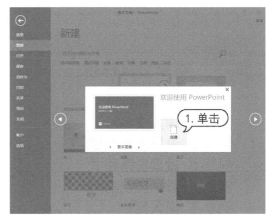

联网下载模板后，【欢迎使用 PowerPoint】模板将被应用于新建的演示文稿。

9.1.3　根据现有内容创建演示文稿

如果用户想使用现有演示文稿中的一些内容或风格来设计其他的演示文稿，就可以使用 PowerPoint 的"现有内容"创建一个和现有演示文稿具有相同内容和风格的新演示文稿，用户只需在原有的基础上进行适当修改即可。

step ① 启动 PowerPoint 2016，打开一个空白演示文稿。

step ② 将光标定位在幻灯片的最后位置，在【插入】选项卡的【幻灯片】组中单击【新建幻灯片】按钮下方的下拉箭头，在弹出的菜单中选择【重用幻灯片】命令。打开【重用幻灯片】任务窗格，单击【浏览】按钮，在弹出的菜单中选择【浏览文件】命令。

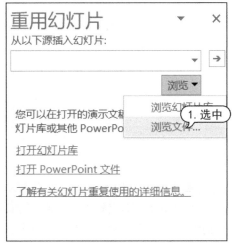

step ③ 打开【浏览】对话框，选择需要使用的现有演示文稿，单击【打开】按钮。

step ④ 此时【重用幻灯片】任务窗格中显示现有演示文稿中所有可用的幻灯片。

step ⑤ 在幻灯片列表中单击需要的幻灯片，将其插入到指定位置。

9.2 幻灯片基础操作

幻灯片是演示文稿的重要组成部分，在 PowerPoint 2016 中需要掌握幻灯片的一些基础操作，主要包括添加新幻灯片、选择幻灯片、移动与复制幻灯片、删除幻灯片等。

9.2.1 添加幻灯片

在启动 PowerPoint 2016 后，PowerPoint 会自动建立一张新的幻灯片，随着制作过程的推进，需要在演示文稿中添加更多的幻灯片。以下将介绍 3 种插入幻灯片的方法。

➤ 通过【幻灯片】组插入：在幻灯片预览窗格中，选择一张幻灯片，打开【开始】选项卡，在功能区的【幻灯片】组中单击【新建幻灯片】按钮，即可插入一张默认版式的幻灯片。当需要应用其他版式时，单击【新建幻灯片】按钮右下方的下拉箭头，在弹出的版式菜单中选择【标题和内容】选项，即可插入该样式的幻灯片。

➤ 通过右击插入：在幻灯片预览窗格中，选择一张幻灯片，右击该幻灯片，从弹出的快捷菜单中选择【新建幻灯片】命令，即可在选择的幻灯片之后插入一张新的幻灯片。

➤ 通过键盘操作插入：通过键盘操作插入幻灯片的方法是最为快捷的方法。在幻灯片预览窗格中，选择一张幻灯片，然后按 Enter 键，即可插入一张新幻灯片。

9.2.2 选择幻灯片

在 PowerPoint 2016 中，用户可以选中一张或多张幻灯片，然后对选中的幻灯片进行操作，无论是在"大纲视图""普通视图"或"幻灯片浏览视图"中，选择幻灯片的方法都是非常类似的，以下是在普通视图中选择幻灯片的方法。

➤ 选择单张幻灯片：无论是在普通视图还是在幻灯片浏览视图下，只需单击需要的幻灯片，即可选中该张幻灯片。

➤ 选择编号相连的多张幻灯片：首先单击起始编号的幻灯片，然后按住 Shift 键，单击结束编号的幻灯片，此时两张幻灯片之间的多张幻灯片被同时选中。

➤ 选择编号不相连的多张幻灯片：在按住 Ctrl 键的同时，依次单击需要选择的每张幻灯片，即可同时选中单击的多张幻灯片。

> 选择全部幻灯片：无论是在普通视图还是在幻灯片浏览视图下，按 Ctrl+A 组合键，即可选中当前演示文稿中的所有幻灯片。

9.2.3 移动和复制幻灯片

PowerPoint 支持以幻灯片为对象的移动和复制操作，可以将整张幻灯片及其内容进行移动或复制。

1. 移动幻灯片

在制作演示文稿时，如果需要重新排列幻灯片的顺序，就需要移动幻灯片。

移动幻灯片的方法如下：选中需要移动的幻灯片，在【开始】选项卡的【剪贴板】组中单击【剪切】按钮✂。在需要移动到目标位置单击，然后在【开始】选项卡的【剪贴板】组中单击【粘贴】按钮📋。

在普通视图或幻灯片浏览视图中，直接用鼠标对幻灯片进行选择拖动，就可以实现幻灯片的移动。

2. 复制幻灯片

在制作演示文稿时，有时会需要两张内容基本相同的幻灯片。此时，可以利用幻灯片的复制功能，复制出一张相同的幻灯片，然后对其进行适当的修改。复制幻灯片的方法如下：选中需要复制的幻灯片，在【开始】选项卡的【剪贴板】组中单击【复制】按钮📋，然后在需要插入幻灯片的位置单击，在【开始】选项卡的【剪贴板】组中单击【粘贴】按钮📋。

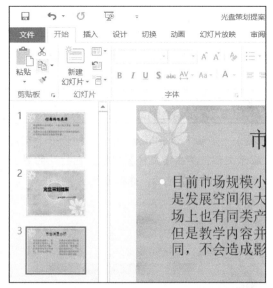

9.2.4 删除幻灯片

在演示文稿中删除多余幻灯片是清除大量冗余信息的有效方法。删除幻灯片的方法主要有以下几种。

> 选中需要删除的幻灯片，直接按下 Delete 键。

> 右击需要删除的幻灯片，从弹出的快捷菜单中选择【删除幻灯片】命令。

> 选中幻灯片，在【开始】选项卡的【剪贴板】组中单击【剪切】按钮。

9.3 编辑幻灯片文本

幻灯片文本是演示文稿中至关重要的部分，文本对演示文稿中的主题、问题的说明与阐述具有其他方式不可替代的作用。

9.3.1 添加文本

在 PowerPoint 2016 中,不能直接在幻灯片中输入文字,只能通过占位符或文本框来添加文本。

大多数幻灯片的版式中都提供了文本占位符,这种占位符中预设了文字的属性和样式,供用户添加标题文字、项目文字等。占位符文本的输入主要在普通视图中进行。

使用文本框,可以在幻灯片中放置多个文字块,可以使文字按照不同的方向排列;也可以打破幻灯片版式的制约,在幻灯片中的任意位置上添加文字信息。

【例 9-1】创建"教案"演示文稿,输入幻灯片文本。
⊙ **视频+素材**(素材文件\第 09 章\例 9-1)

step ① 启动 PowerPoint 2016,打开一个空白演示文稿,单击【文件】按钮,在打开的界面中选择【新建】选项,选择【丝状】模板选项。

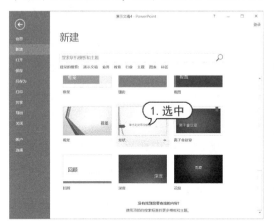

step ② 在打开的对话框中单击【创建】按钮。

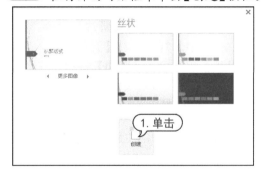

step ③ 此时,将新建一个基于模板的演示文稿,并以"教案"为名进行保存,默认选中第 1 张幻灯片缩略图。

step ④ 在幻灯片编辑窗口中单击【单击此处添加标题】占位符,输入标题文本;单击【单击此处添加副标题】占位符,输入副标题文本。

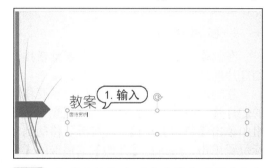

step ⑤ 在【开始】选项卡中单击【新建幻灯片】下拉按钮,在弹出的列表中选择【标题和内容】选项。

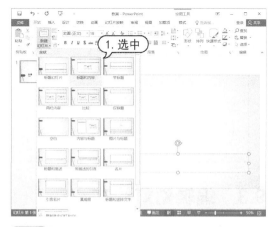

step ⑥ 此时新建一张幻灯片,保留标题占位符,将内容占位符删除。

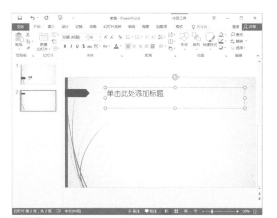

step 7 打开【插入】选项卡，在【文本】组中单击【文本框】下拉按钮，在弹出的下拉菜单中选择【横排文本框】命令。

step 8 使用鼠标拖动绘制文本框，并输入文本。然后在标题占位符中输入标题文本。

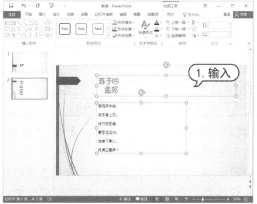

step 9 使用上述方法，创建第3张幻灯片，并输入文本。

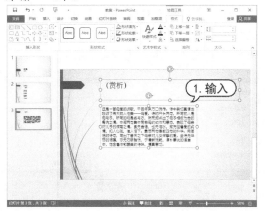

step 10 在快速访问工具栏中单击【保存】按钮，保存"教案"演示文稿。

9.3.2 设置文本格式

　　为了使演示文稿更加美观、清晰，通常需要对文本属性进行设置。文本的基本属性包括字体、字形、字号及字体颜色等。

　　在 PowerPoint 中，虽然当幻灯片应用了版式后，幻灯片中的文字也具有了预先定义的属性，但在很多情况下，仍然需要对它们重新进行设置，用户可以通过单击【格式】工具栏上的相应按钮进行设置。

　　另外，在【字体】对话框中同样可以对字体、字形、字号及字体颜色等进行设置。

【例9-2】在"教案"演示文稿中，设置文本格式。
视频+素材 (素材文件\第09章\例9-2)

step 1 启动 PowerPoint 2016，打开"教案"演示文稿。

step 2 在第1张幻灯片中，选中正标题占位符，在【开始】选项卡的【字体】组中，设置【字体】为【华文隶书】选项；设置【字号】为72。

step 3 在【字体】组中单击【字体颜色】下拉按钮，从弹出的菜单中选择【蓝色】色块。

step 4 选中副标题占位符，单击【字体】组的对话框启动器按钮，打开【字体】对话框，在【西文字体】和【中文字体】下拉列表框中选择【华文新魏】选项；在【大小】下拉列表框中选择【40】；在【字体样式】下拉列表框中选择【加粗】，然后单击【确定】

按钮。

step⑤ 此时第 1 张幻灯片的文本设置完毕，效果如下图所示。

step⑥ 选择第 2 张幻灯片，使用同样的方法，设置标题占位符中的文本字体为【华文琥珀】，字号为 40；设置文本框中的文本字体为【隶书】，字号为 24。

step⑦ 使用同样的方法设置第 3 张幻灯片中的标题占位符字体为【华文琥珀】，字号为 40；设置文本框中的文本字体为【隶书】，字号为 24。拖动鼠标调节文本框的大小和位置。

step⑧ 在快速访问工具栏中单击【保存】按钮 ，保存"教案"演示文稿。

9.3.3　设置段落格式

段落格式包括段落对齐和段落间距设置等。掌握了在幻灯片中编排段落格式的方法后，即可轻松地设置与整个演示文稿风格相适应的段落格式。

【例 9-3】在"教案"演示文稿中，设置段落格式。

📀 视频+素材 (素材文件\第 09 章\例 9-3)

step① 启动 PowerPoint 2016，打开 "教案"演示文稿。

step② 在幻灯片预览窗口中选择第 2 张幻灯片缩略图，将其显示在幻灯片编辑窗口中。

step③ 选中文本框中的文本，在【开始】选项卡的【段落】组中单击对话框启动器按钮 ，打开【段落】对话框的【缩进和间距】选项卡。在【行距】下拉列表框中选择【1.5倍行距】选项，单击【确定】按钮。

step 4 切换至第 3 张幻灯片，选中标题占位符，在【开始】选项卡的【段落】组中单击【居中】按钮，设置标题居中。

step 5 选中文本框中的文本，在【开始】选项卡的【段落】组中单击对话框启动器按钮，打开【段落】对话框的【缩进和间距】选项卡。在【特殊格式】下拉列表框中选择【首行缩进】选项，在其后的【度量值】微调框中输入 2 厘米，单击【确定】按钮。

step 6 在快速访问工具栏中单击【保存】按钮，保存"教案"演示文稿。

9.3.4　添加项目符号和编号

在演示文稿中，为了使某些内容更为醒目，经常要用到项目符号和编号。这些项目符号和编号用于强调一些特别重要的观点或条目，从而使主题更加美观、突出、分明。

1. 设置常用项目符号和编号

将光标定位在需要添加项目符号和编号的段落，或者同时选中多个段落，在【开始】选项卡的【段落】组中，单击【项目符号】下拉按钮，从弹出的下拉菜单中选择【项目符号和编号】命令，打开【项目符号和编号】对话框。

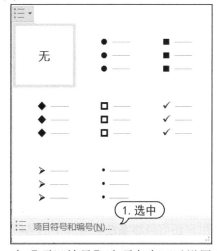

在【项目符号】选项卡中可以设置项目符号样式，在【编号】选项卡中可以设置编号样式。

2. 使用图片项目符号

PowerPoint 允许用户将图片设置为项目符号，这样大大丰富了项目符号的形式。

在【项目符号和编号】对话框中单击右下角的【图片】按钮，将打开【插入图片】界面。单击【浏览】按钮，将在本机中查找图片作为项目符号。

3. 使用自定义项目符号

用户还可以将系统符号库中的各种字符设置为项目符号。在【项目符号和编号】对话框中单击右下角的【自定义】按钮，打开【符号】对话框，在该对话框中可以自定义设置项目符号的样式。

【例9-4】 在 "教案" 演示文稿中，为文本段落添加项目符号。

视频+素材 (素材文件\第09章\例9-4)

step 1 启动 PowerPoint 2016，打开 "教案" 演示文稿。

step 2 在幻灯片预览窗口中选择第2张幻灯片缩略图，将其显示在幻灯片编辑窗口中。

step 3 选中文本框中的文本，在【开始】选项卡的【段落】组中，单击【项目符号】下拉按钮，从弹出的下拉菜单中选择【项目符号和编号】命令。

step 4 打开【项目符号和编号】对话框，在【项目符号】选项卡中单击【图片】按钮。

step 5 打开【插入图片】界面，单击【来自文件】后的【浏览】按钮。

step 6 打开【插入图片】对话框，选择一张图片，单击【插入】按钮。

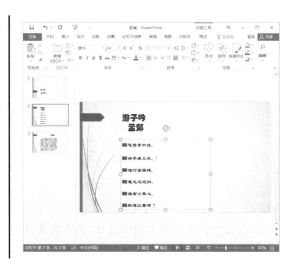

step 7　此时将为文本段落应用图片项目符号，如右图所示。

9.4　丰富幻灯片内容

幻灯片中只有文本未免会显得单调，PowerPoint 2016 支持在幻灯片中插入各种多媒体元素，包括艺术字、图片、声音和视频等，来丰富幻灯片的内容。

9.4.1　插入图片

在 PowerPoint 中，可以方便地插入各种来源的图片文件，如 PowerPoint 自带的剪贴画、利用其他软件制作的图片、从互联网下载的或通过扫描仪及数码相机输入的图片等。

1. 插入剪贴画

PowerPoint 2016 附带的剪贴画库内容非常丰富，要插入剪贴画，在【插入】选项卡的【图像】组中，单击【联机图片】按钮，打开【插入图片】界面，在【Office.com 剪贴画】文本框中输入文字进行搜索，单击【搜索】按钮，在搜索结果中选择图片，单击【插入】按钮即可插入剪贴画。

2. 插入本机图片

在幻灯片中可以插入本机磁盘中的图片。这些图片可以使用位图，也可以使用网络下载的或通过数码相机输入的图片等。

【例 9-5】在"教案"演示文稿中，插入图片并进行编辑。

视频+素材 （素材文件\第 09 章\例 9-5）

step 1　启动 PowerPoint 2016，打开"教案"演示文稿。

step 2　选择第 2 张幻灯片，打开【插入】选项卡，在【图像】组中单击【图片】按钮。

step 3　打开【插入图片】对话框，选中要插入的图片，单击【插入】按钮。

step④ 拖动鼠标调整图片的大小和位置，效果如下图所示。

step⑤ 选中图片，打开【图片工具】的【格式】选项卡，在【图片样式】组中单击【其他】按钮，从弹出的列表框中选择一种样式，图片将快速应用该样式。

step⑥ 在快速访问工具栏中单击【保存】按钮，保存"教案"演示文稿。

9.4.2 插入艺术字

艺术字是一种特殊的图形文字，常被用来表现幻灯片的标题文字。用户既可以像对普通文字一样设置其字号、加粗、倾斜等，也可以像图形对象那样设置它的边框、填充等属性。

在 PowerPoint 2016 中，打开【插入】选项卡，在【文本】组中单击【艺术字】按钮，在弹出的下拉列表中选择需要的样式，即可在幻灯片中插入艺术字。

【例9-6】在"教案"演示文稿中插入并编辑艺术字。

🎬视频+素材 (素材文件\第 09 章\例9-6)

step① 启动 PowerPoint 2016，打开"教案"

演示文稿。

step② 选择第 3 张幻灯片，在【开始】选项卡中单击【新建幻灯片】按钮，新建第 4 张幻灯片。

step③ 按 Ctrl+A 组合键，选中所有的占位符，按 Delete 键，删除占位符。

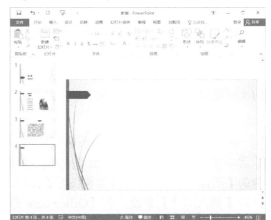

step④ 打开【插入】选项卡，在【文本】组中单击【艺术字】按钮，从弹出的列表框中选择一种样式，即可在第 4 张幻灯片中插入艺术字。

step⑤　在【请在此放置您的文字】占位符中输入文字，拖动鼠标调整艺术字的位置。

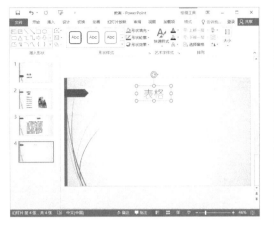

step⑥　打开【绘图工具】的【格式】选项卡，在【形状样式】组中单击【形状效果】按钮，从弹出的菜单中选择【三维旋转】|【离轴 2 左】效果。

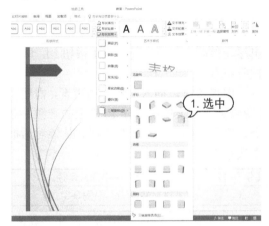

step⑦　在【形状样式】组中单击【形状填充】按钮，从弹出的菜单中选择一种填充颜色。

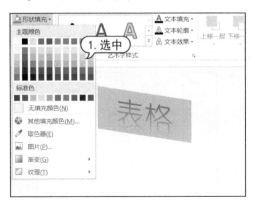

step⑧　在快速访问工具栏中单击【保存】按钮，保存"教案"演示文稿。

9.4.3　插入表格

使用 PowerPoint 制作一些专业型演示文稿时，通常需要使用表格，例如销售统计表、财务报表等。表格采用行列化的形式，它与幻灯片页面文字相比，更能体现出数据的对应性及内在的联系。

【例 9-7】在"教案"演示文稿中插入表格。

视频+素材（素材文件\第 09 章\例 9-7）

step①　启动 PowerPoint 2016，打开"教案"演示文稿。

step②　在幻灯片预览窗口中选择第 4 张幻灯片缩略图，将其显示在幻灯片编辑窗口中。

step③　打开【插入】选项卡，在【表格】组中单击【表格】下拉按钮，从弹出的菜单中选择【插入表格】命令。

step④　打开【插入表格】对话框，在【列数】和【行数】文本框中分别输入 4 和 2，单击【确定】按钮。

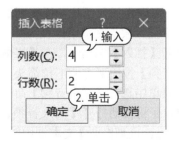

step⑤ 在幻灯片中插入一个4列2行的空白表格，可以调整其大小。

step⑥ 在表格中单击鼠标，显示插入点后，输入文字。选中表格文字，在【开始】选项卡的【字体】组中设置文字字体为【华文隶书】，字号为【32】，字形为【加粗】，单击【居中】按钮，其效果如下图所示。

step⑦ 在快速访问工具栏中单击【保存】按钮，保存"教案"演示文稿。

9.4.4　插入音频和视频

在 PowerPoint 2016 中可以方便地插入音频和视频等多媒体对象，使用户的演示文稿从画面到声音，多方位地向观众传递信息。

1．插入音频

剪辑管理器中提供系统自带的几种声音文件，可以像插入图片一样将剪辑管理器中的声音插入演示文稿中。

打开【插入】选项卡，在【媒体】组中单击【音频】按钮下方的下拉箭头，在弹出的下拉菜单中选择【联机音频】命令，此时 PowerPoint 将自动打开【插入音频】界面，在【Office.com 剪贴画】文本框中输入文本，

单击【搜索】按钮 🔍，搜索剪贴画音频。

将鼠标指针移动到声音图标后，自动弹出浮动控制条，单击【播放】按钮▶，即可试听声音。

用户还可以插入文件中的声音，需要在【音频】下拉菜单中选择【PC 上的音频】命令，打开【插入音频】对话框，从该对话框中选择需要插入的声音文件。

【例9-8】在"教案"演示文稿中插入音频。

🎬 **视频+素材** (素材文件\第 09 章\例 9-8)

step① 启动 PowerPoint 2016，打开"教案"演示文稿。

step② 选择第 1 张幻灯片，打开【插入】选项卡，在【媒体】组中单击【音频】下拉按钮，在弹出的下拉菜单中选择【PC 上的音频】命令。

step③ 打开【插入音频】对话框，选择一个音频文件，单击【插入】按钮。

step④ 此时将出现声音图标，使用鼠标将其拖动到幻灯片的右上角。单击【播放】按钮 ▶试听声音。

2. 插入视频

打开【插入】选项卡，在【媒体】中单击【视频】下拉按钮，在弹出的下拉菜单中选择【联机视频】命令，此时 PowerPoint 将打开【插入视频】界面，在文本框中输入文本，单击【搜索】按钮 🔍，搜索网络上的联机视频。

用户还可以插入文件中的视频，需要在【媒体】组中单击【视频】下拉按钮，从弹出的下拉菜单中选择【PC 上的视频】命令。

打开【插入视频文件】对话框，打开文件的保存路径，选择视频文件，单击【插入】按钮。

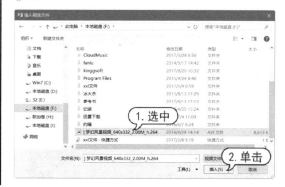

9.5　案例演练

本章的案例演练部分是制作电子相册等几个实例操作，用户通过练习从而巩固本章所学知识。

9.5.1　制作电子相册

【例 9-9】在演示文稿中制作电子相册。
📀 视频+素材 (素材文件\第 09 章\例 9-9)

step① 启动 PowerPoint 2016，打开一个空白演示文稿，以"梵高作品展"为名保存。

step② 打开【插入】选项卡，在【图像】组中单击【相册】按钮。

step ③ 打开【相册】对话框,单击【文件/磁盘】按钮。

step ④ 打开【插入新图片】对话框,选择需要的一组图片,单击【插入】按钮。

step ⑤ 返回【相册】对话框,在【相册中的图片】列表中选择图片,单击↑按钮,将该图片向上移动到合适的位置。

step ⑥ 在【相册版式】选项区域的【图片版式】下拉列表中选择【4张图片】选项,在【相框形状】下拉列表中选择【圆角矩形】选项,然后在【主题】右侧单击【浏览】按钮。

step ⑦ 打开【选择主题】对话框,选择需要的主题选项,单击【选择】按钮。

step ⑧ 返回【相册】对话框,单击【创建】按钮,创建包含9张图片的电子相册,此时在演示文稿中显示相册封面和图片。

step ⑨ 在第1张幻灯片中输入标题和副标题文本并进行设置,最后的效果如下图所示。

9.5.2　添加 SmartArt 图形

【例 9-10】在 "销售业绩报告" 演示文稿中，插入 SmartArt 图形。

📀 视频+素材 (素材文件\第 09 章\例 9-10)

step 1 启动 PowerPoint 2016，打开 "销售业绩报告" 演示文稿，新建一张幻灯片，将其显示在幻灯片编辑窗口中。

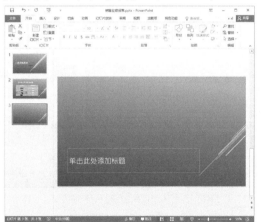

step 2 在【单击此处添加标题】占位符中输入文本，设置其字体为【华文新魏】，字号为 44，字体颜色为【白色】，对齐方式为【居中】。

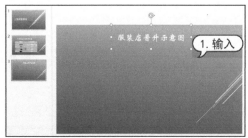

step 3 打开【插入】选项卡，在【插图】组中单击 SmartArt 按钮，打开【选择 SmartArt 图形】对话框。打开【流程】选项卡，选择【连续块状流程】选项，单击【确定】按钮。

step 4 此时，即可在幻灯片中插入该 SmartArt 图形。

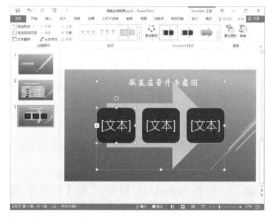

step 5 选中最后一个【文本】形状，右击打开快捷菜单，选择【添加形状】|【在后面添加形状】命令。

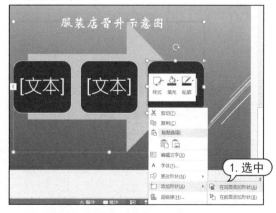

step 6 此时添加一个形状，应用同样的方法，继续添加几个形状。

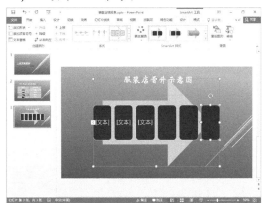

step 7 在每个形状的文本框中输入文本。

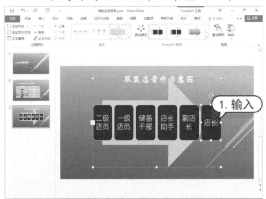

step 8 选中 SmartArt 图形，在【设计】选项卡的【SmartArt 样式】组中，单击【更改颜色】下拉按钮，在弹出的【主题颜色】菜单中选择一个选项。

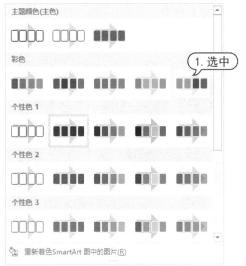

step 9 此时显示该选项的图形效果，如下图所示。

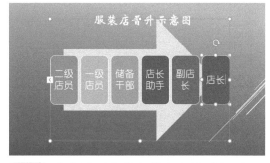

step 10 选中图形中每个带文字的形状，打开【SmartArt 工具】的【格式】选项卡，在【大小】组的【高度】和【宽度】微调框中分别输入"5.3 厘米"和"2 厘米"，调节形状的高度和宽度。

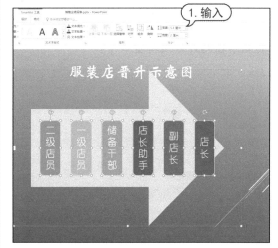

第10章

幻灯片版式和动画设计

在制作幻灯片时，为幻灯片设置母版可使整个演示文稿保持一个统一的风格；为幻灯片添加动画效果，可使幻灯片更加生动形象。本章将介绍设置幻灯片母版、设计动画效果等高级操作内容。

 **本章对应视频**

10.1 设置幻灯片母版

幻灯片母版决定着幻灯片的外观，用于设置幻灯片的标题、正文文字等样式，包括字体、字号、字体颜色和阴影等效果。

10.1.1 母版的类型

PowerPoint 中的母版类型分为幻灯片母版、讲义母版和备注母版 3 种类型，不同母版的作用和视图都是不相同的。

1. 幻灯片母版

幻灯片母版中的信息包括字形、占位符大小和位置、背景设计和配色方案。用户通过更改这些信息，就可以更改整个演示文稿中幻灯片的外观。

打开【视图】选项卡，在【母版视图】组中单击【幻灯片母版】按钮，打开幻灯片母版视图，即可查看幻灯片母版。

在幻灯片母版视图下，可以看到所有区域，如标题占位符、副标题占位符以及母版下方的页脚占位符。这些占位符的位置及属性，决定了应用该母版中幻灯片的外观属性。

当用户将幻灯片切换到幻灯片母版视图时，功能区将自动打开【幻灯片母版】选项卡。单击功能组中的按钮，可以对母版进行编辑或更改操作。

2. 讲义母版

讲义母版是为制作讲义而准备的，通常需要打印输出，因此讲义母版的设置大多和打印页面有关。它允许设置一页讲义中包含几张幻灯片，设置页眉、页脚、页码等信息。在讲义母版中插入新的对象或者更改版式时，新的页面效果不会反映在其他母版视图中。

打开【视图】选项卡，在【母版视图】组中单击【讲义母版】按钮，打开讲义母版视图。此时功能区自动切换到【讲义母版】选项卡。

在讲义母版视图中，包含 4 个占位符，即页眉区、页脚区、日期区以及页码区。另外，页面上还包含很多虚线边框，这些边框表示的是每页所包含的幻灯片缩略图的数目。用户可以使用【讲义母版】选项卡，单击【页面设置】组的【每页幻灯片数量】按钮，在弹出的菜单中选择幻灯片的数目选项。

3. 备注母版

备注相当于讲义，尤其对某个幻灯片需要提供补充信息时。使用备注对演讲者创建演讲注意事项是很重要的。备注母版主要用来设置幻灯片的备注格式，一般也是用来打印输出的，因此备注母版的设置大多也和打印页面有关。

打开【视图】选项卡，在【母版视图】组中单击【备注母版】按钮，打开备注母版视图。备注页由单个幻灯片的图像和下面所属文本区域组成。

在备注母版视图中，用户可以设置或修改幻灯片内容、备注内容及页眉页脚内容在页面中的位置、比例和外观等属性。

单击备注母版上方的幻灯片内容区，其周围将出现 8 个白色的控制点，此时可以使用鼠标拖动幻灯片内容区域设置它在备注页中的位置；单击备注文本框边框，此时该文本框周围也将出现 8 个白色的控制点，此时拖动该文本框调整备注文本在页面中的位置。

当用户退出备注母版视图时，对备注母版所做的修改将应用到演示文稿中的所有备注页上。只有在备注视图下，对备注母版所做的修改才能表现出来。

10.1.2　编辑母版版式

在 PowerPoint 左侧的幻灯片列表中右击默认创建的幻灯片，在弹出菜单中选择【版式】命令，打开如下图所示的列表，其中的选中部分为当前幻灯片的版式，即"标题幻灯片"。

在上图所示的列表中选择不同的版式所创建的幻灯片具有不同的默认元素和位置，这就是母版中提供的版式。

1. 修改版式

以 PowerPoint 新建幻灯片时默认创建的母版版式为例，要对其进行修改，可以参考以下步骤。

step 1 在【视图】选项卡的【母版视图】组中单击【幻灯片母版】选项，打开幻灯片母版视图后，在窗口左侧的版式列表中选中【标题幻灯片】版式。

step 2 使用从其他模板中提取的字体、图形、图片等素材，重新设置"标题幻灯片"版式中的布局和占位符。

step 3 完成版式内容的编辑后，在【幻灯片母版】选项卡中单击【关闭母版视图】按钮即可。

2. 删除版式

在幻灯片母版视图中，用户可以使用以下两种方法删除母版中不需要的版式。

➤ 右击需要删除的版式，在弹出的菜单中选择【删除版式】命令。

➤ 选中要删除的版式，在【幻灯片母版】选项卡的【编辑母版】组中单击【删除】按钮。

3. 添加版式

在幻灯片母版视图左侧的版式列表中选中一个版式后，右击鼠标，在弹出的菜单中选择【插入版式】命令，即可在选中版式的下方插入一个如下图所示的 PowerPoint 默认版式。

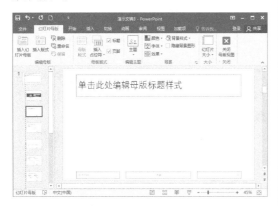

10.1.3 应用母版版式

通过对 PowerPoint 默认版式的编辑，用户在母版视图中创建一个风格统一并且内容丰富的版式集合。

自定义版式列表

在【幻灯片母版】选项卡中单击【关闭母版视图】按钮，关闭幻灯片母版视图。此时，PowerPoint 默认创建的幻灯片效果将变成用户自定义的版式。

在【开始】选项卡的【幻灯片】组中单击【新建幻灯片】按钮，在弹出的列表中用户可以使用自己编辑的母版版式在演示文稿中插入幻灯片。

如此，制作一个风格统一的演示文稿只

需要执行简单的几步操作即可完成其结构的创建。之后，用户只需要在预设的占位符中输入文本，即可完成演示文稿的制作。

10.1.4　设置页眉和页脚

在制作幻灯片时，使用 PowerPoint 提供的页眉页脚功能，可以为每张幻灯片添加相对固定的信息。要插入页眉和页脚，只需在【插入】选项卡的【文本】组中单击【页眉和页脚】按钮，打开【页眉和页脚】对话框，在其中进行相关操作即可。

step❶　打开一个演示文稿，打开【插入】选项卡，在【文本】组中单击【页眉和页脚】按钮。

step❷　打开【页眉和页脚】对话框，选中【日期和时间】【幻灯片编号】【页脚】【标题幻灯片中不显示】复选框，并在【页脚】文本框中输入信息，单击【全部应用】按钮，为除第 1 张幻灯片以外的幻灯片添加页脚。

step❸　打开【视图】选项卡，在【母版视图】组中单击【幻灯片母版】按钮，切换到幻灯片母版视图，在左侧预览窗格中选择第 1 张幻灯片，将其显示在编辑区域，选中所有的页脚占位符，设置字体新格式。

step❹　打开【幻灯片母版】选项卡，在【关闭】组中单击【关闭母版视图】按钮，返回普通视图模式。

10.2　设置幻灯片主题和背景

PowerPoint 2016 提供了多种主题颜色和背景样式，使用这些主题颜色和背景样式，可以使幻灯片具有丰富的色彩和良好的视觉效果。

10.2.1　设置主题

PowerPoint 2016 提供了几十种内置的主题，此外用户还可以自定义主题的颜色等。

1. 使用内置主题

PowerPoint 2016 提供了多种内置的主题，使用这些内置主题，可以快速统一演示文稿的外观。

在同一个演示文稿中应用多种主题与应用单个主题的方法相同，打开【设计】选项卡，在【主题】组单击【其他】按钮，从弹出的下拉列表框中选择一种主题，即可将其应用于单个演示文稿中，然后选择要应用另一主题的幻灯片，在【设计】选项卡的【主题】组单击【其他】按钮，从弹出的下拉列表框中右击所需的主题，从弹出的快捷菜单中选择【应用于选定幻灯片】命令，此时将其应用于所选中的幻灯片中。

2. 设置主题颜色

PowerPoint 为每种设计模板提供了几十种内置的主题颜色，用户可以根据需要选择不同的颜色来设计演示文稿。应用设计模板后，打开【设计】选项卡，单击【变体】组中的【颜色】按钮，将打开主题颜色菜单，用户可以选择内置主题颜色，或者自定义设置主题颜色。

step 1 启动 PowerPoint 2016，使用【离子会议室】模板新建一个演示文稿。

step 2 选择【设计】选项卡，在【变体】组中单击【颜色】下拉列表按钮，然后在弹出的主题颜色菜单中选择【橙色】选项，自动为幻灯片应用该主题颜色。

step 3 在【变体】组中单击【颜色】下拉列表按钮，在弹出的主题颜色菜单中选择【自定义颜色】选项。打开【新建主题颜色】对话框，设置主题的颜色参数，在【名称】文本框中输入"自定义主题颜色"，然后单击【保存】按钮。

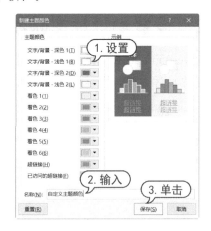

step 4　设置的主题颜色将自动应用于当前幻灯片中。

10.2.2　设置背景

用户除了可以在应用模板或改变主题颜色时更改幻灯片的背景外，还可以根据需要任意更改幻灯片的背景颜色和背景设计，如添加底纹、图案、纹理或图片等。

首先打开【设计】选项卡，在【自定义】组中单击【设置背景格式】按钮，打开【设置背景格式】窗格。

在【设置背景格式】窗格中的【填充】选项区域中选中【图案填充】单选按钮，然后在【图案】选项区域中选中一种图案，并单击【前景】按钮，在弹出的颜色选择器中选择【蓝色】选项，即可设置前景为蓝色。

要以图片作为背景，可以在【设置背景格式】窗格中选中【图片或纹理填充】单选按钮，并在显示的选项区域中单击【文件】按钮。

打开【插入图片】对话框，选择一张图片，单击【插入】按钮，将图片插入选中的幻灯片中作为背景。

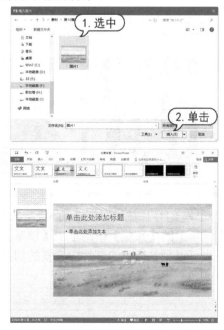

10.3　设置幻灯片切换动画效果

幻灯片切换动画效果是指一张幻灯片如何从屏幕上消失，以及另一张幻灯片如何显示在屏幕上的方式。在 PowerPoint 中，可以为一组幻灯片设置同一种切换方式，也可以为每张幻灯片设置不同的切换方式。

10.3.1　添加切换动画

要为幻灯片添加切换动画，可以选择【切换】选项卡，在【切换到此幻灯片】组中进行设置。在该组中单击 按钮，将打开如下图所示的幻灯片动画效果列表。

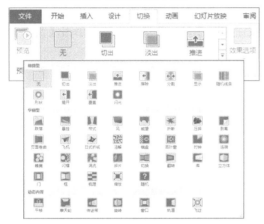

单击选中某个动画后，当前幻灯片将应用该切换动画，并立即预览动画效果。

此外，幻灯片被设置切换动画后，在【切换】选项卡的【预览】组中单击【预览】按钮，也可以预览当前幻灯片中设置的切换动画效果。

【例 10-1】在"我的相册"演示文稿中，为幻灯片添加切换动画。
🎬 视频+素材（素材文件\第 10 章\例 10-1）

step 1 启动 PowerPoint 2016，打开"我的相册"演示文稿，选择【切换】选项卡，在【切换到此幻灯片】组中单击【其他】按钮 ，在弹出的切换效果列表框中选择【帘式】选项。

step 2 此时，动画效果将应用到第 1 张幻灯片中，并可预览切换动画效果。

step 3 在窗口左侧的幻灯片预览窗格中选中第 2 至第 11 张幻灯片，然后在【切换到此幻灯片】组中为这些幻灯片添加"跌落"效果。

step 4 在【切换到此幻灯片】组中单击【效果选项】下拉列表按钮，在弹出的下拉列表中选择【向右】选项。此时，第 2 至第 11 张幻灯片将添加如下图所示的"向右"动画效果。

10.4　添加对象动画效果

所谓对象动画，是指为幻灯片内部某个对象设置的动画效果。用户可以对幻灯片中的文字、图形、表格等对象添加不同的动画效果，如进入动画、强调动画、退出动画和动作路径动画等。

10.4.1　添加进入动画效果

进入动画是为了设置文本或其他对象以多种动画效果进入放映屏幕。在添加该动画效果之前需要选中对象。对于占位符或文本框来说，选中占位符、文本框，以及进入其文本编辑状态时，都可以为它们添加该动画效果。

选中对象后，打开【动画】选项卡，单击【动画】组中的【其他】按钮，在弹出的【进入】列表中选择一种进入效果，即可为对象添加该动画效果。

10.3.2　设置切换动画

添加切换动画后，还可以对切换动画进行设置，如设置切换动画时出现的声音效果、持续时间和换片方式等，从而使幻灯片的切换效果更为逼真。

例如要设置切换动画的声音和持续时间，可以先打开演示文稿，选择【切换】选项卡，在【计时】组中单击【声音】下拉按钮，从弹出的下拉菜单中选择【收款机】选项，在【计时】组的【持续时间】微调框中输入"01.00"，为幻灯片设置动画切换效果的持续时间，单击【全部应用】按钮即可完成设置。

> **实用技巧**
>
> 在【计时】组的【换片方式】区域中，选中【单击鼠标时】复选框，表示在播放幻灯片时，需要在幻灯片中单击鼠标左键来换片，而取消选中该复选框，选中【设置自动换片时间】复选框，表示在播放幻灯片时，经过所设置的时间后会自动切换至下一张幻灯片，无须单击鼠标。

另外，在【高级动画】组中单击【添加动画】按钮，同样可以在弹出的【进入】列表中选择内置的进入动画效果，若选择【更多进入效果】命令，则打开【添加进入效果】

对话框，在该对话框中同样可以选择更多的
进入动画效果。

【例10-2】为幻灯片中的对象设置进入动画。

视频+素材 (素材文件\第10章\例10-2)

step 1 启动 PowerPoint 2016，打开"我的
相册"演示文稿，在打开的第 1 张幻灯片中
选中标题"我的相册"，打开【动画】选项
卡，单击【动画】组中的【其他】按钮，
从弹出的【进入】列表中选择【弹跳】选项。

step 2 选中图片对象，在【高级动画】组中
单击【添加动画】按钮，从弹出的菜单中选
择【更多进入效果】命令。

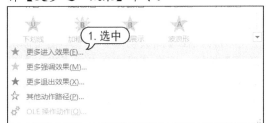

step 3 打开【添加进入效果】对话框，在【温
和型】选项区域中选择【下浮】选项，单击【确
定】按钮，为图片应用【下浮】进入效果。

step 4 完成第 1 张幻灯片中对象的进入动
画的设置，在幻灯片编辑窗口中以编号来显
示标记对象。

step 5 在【动画】选项卡的【预览】组中单
击【预览】按钮，即可查看第1张幻灯片中
应用的所有进入动画效果。

10.4.2 添加强调动画效果

强调动画是为了突出幻灯片中的某部
分内容而设置的特殊动画效果。添加强调动
画效果的过程和添加进入动画效果的过程

大体相同，选择对象后，在【动画】组中单击【其他】按钮，在弹出的【强调】列表中选择一种强调效果，即可为对象添加该动画效果。

在【高级动画】组中单击【添加动画】按钮，同样可以在弹出的【强调】列表中选择内置的强调动画效果，若选择【更多强调效果】命令，则打开【添加强调效果】对话框，在该对话框中同样可以选择更多的强调动画效果。

10.4.3　添加退出动画效果

退出动画是为了设置幻灯片中的对象退出屏幕的效果。添加退出动画的过程和添加进入、强调动画效果基本相同。

选择对象后，在【动画】组中单击【其他】按钮，在弹出的【退出】列表中选择一种退出效果，即可为对象添加该动画效果。

在【高级动画】组中单击【添加动画】按钮，同样可以在弹出的【退出】列表中选择内置的退出动画效果，若选择【更多退出效果】命令，则打开【添加退出效果】对话框，在该对话框中同样可以选择更多的退出动画效果。

10.4.4　添加动作路径动画效果

动作路径动画又称为路径动画，可以指定文本等对象沿着预定的路径运动。PowerPoint 2016 中不仅提供了大量预设路径效果，还可以由用户自定义路径动画。

添加动作路径动画的步骤与添加进入动画的步骤基本相同，在【动画】组中单击【其他】按钮，在弹出的【动作路径】列表中选择一种动作路径效果，即可为对象添加该动画效果。

在【高级动画】组中单击【添加动画】按钮，在弹出的【动作路径】列表中同样可以选择一种动作路径效果；选择【更多动作路径】命令，打开【添加动作路径】对话框，在该对话框中同样可以选择更多的动作路径。

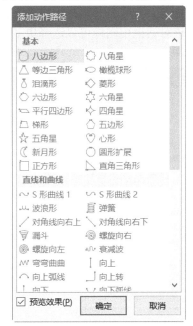

当 PowerPoint 2016 提供的动作路径不能满足用户需求时，用户可以自己绘制动作路径。在【动作路径】列表中选择【自定义路径】选项，即可在幻灯片中拖动鼠标绘制出需要的图形，双击鼠标，结束绘制，动作路径出现在幻灯片中。

【例10-3】为幻灯片中的对象设置动作路径动画。

视频+素材 (素材文件\第 10 章\例 10-3)

step 1 启动PowerPoint 2016，打开"我的相册"演示文稿。

step 2 在幻灯片缩略窗口中选中第 6 张幻灯片，选中图片，在【动画】组中单击【其他】按钮，在弹出的列表中选择【自定义路径】选项。

step 3 此时，鼠标指针变成十字形状，将鼠标指针移动到图片上，拖动鼠标绘制曲线。双击完成曲线的绘制，此时即可查看图片的动作路径。

step 4 选中右侧的文本，在【高级动画】组中单击【添加动画】按钮，在弹出的菜单中选择【其他动作路径】命令。

step 5　打开【更改动作路径】对话框,选择【螺旋向右】选项,单击【确定】按钮。

step 6　此时即可查看文字的动作路径,以及动画编号。

step 7　在【动画】选项卡的【预览】组中单击【预览】按钮,查看幻灯片中应用的动画效果。

10.4.5　设置动画触发器

放映幻灯片时,使用触发器,可以在单击幻灯片中的对象后显示动画效果。

【例 10-4】为动画效果设置触发器。

🎬 视频+素材　(素材文件\第 10 章\例 10-4)

step 1　启动 PowerPoint 2016,打开"绘画欣赏"演示文稿。

step 2　打开【动画】选项卡,在【高级动画】组中单击【动画窗格】按钮,打开【动画窗格】窗口。

step 3　在打开的【动画窗格】窗口中选中编号为 1 的动画效果,在【高级动画】组中单击【触发】按钮,从弹出的菜单中选择【通过单击】|【下箭头 1】选项。

step 4　此时,"下箭头 1"对象上产生动画的触发器,并在窗格中显示所设置的触发器。当播放幻灯片时,将鼠标指针指向该触发器并单击,将显示动画效果。

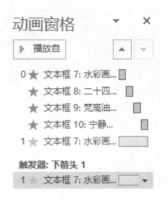

Office 2016 办公应用案例教程

10.4.6 设置动画计时

为对象添加动画效果后，还需要设置动画计时选项，如开始时间、持续时间、延迟时间等。

巧妙设置对象的动画计时，可以制作出类似运动模糊的动画效果。下面将通过实例详细介绍实现方法。

【例 10-5】设置一个运动模糊动画。

视频+素材 (素材文件\第 10 章\例 10-5)

step① 启动 PowerPoint 2016，打开一个演示文稿，选择【插入】选项卡，在【图像】组中单击【图片】按钮，在当前幻灯片中插入一张图片，并按下 Ctrl+D 组合键将图片复制一份。

step② 右击幻灯片中复制的图片，在弹出的快捷菜单中选择【设置图片格式】命令，打开【设置图片格式】窗格，单击【图片】选项，将【清晰度】设置为"-100%"。

step③ 选中步骤 1 中插入幻灯片的图片，按下 Ctrl+D 组合键将其复制一份。按住 Shift 键拖动复制后的图片四周的控制点将其放大。

step④ 选择【格式】选项卡，在【大小】组中单击【裁剪】按钮，然后拖动图片四周的裁剪边，裁剪图片的大小，如下图所示。

step⑤ 按下 Ctrl+D 组合键，将裁剪后的图片复制一份，然后选中复制的图片，在【设置图片格式】窗格中将图片的清晰度设置为"-100%"，效果如下图所示。

step⑥ 将上图所示 4 张图片中左上角的图片拖动至幻灯片舞台正中间，选择【动画】选项卡，在【动画】组中选中【淡出】选项，为图片设置"淡出"动画。

step 7 在【计时】组中单击【开始】下拉按钮，在弹出的下拉列表中选择【与上一动画同时】选项，然后单击【高级动画】组中的【动画窗格】按钮。

step 8 将第 2 张图片拖动至幻灯片中与第 1 张图片重叠，然后为其设置"淡出"动画，并设置【计时】选项为"与上一动画同时"。

step 9 重复以上操作，设置第 3 和第 4 张图片，完成后的效果如下图所示。

step 10 在【动画窗格】窗格中按住 Ctrl 键选中所有的图片动画，在【动画】选项卡的【计时】组中设置动画的持续时间为"00.50"，【延迟】为"00.50"。

step 11 在【动画窗格】窗格中选中第 2 个图片动画，在【计时】组中将【延迟】设置为"01.00"。

step 12 在【动画窗格】窗格中选中第 3 个图片动画，在【计时】组中将【延迟】设置为"01.50"。

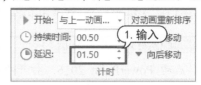

step 13 在【动画窗格】窗格中选中第 4 个图片动画，在【计时】组中将【延迟】设置为"02.00"。

step 14 最后，在【预览】组中单击【预览】按钮，即可在幻灯片中浏览运动模糊动画效果。

10.5 制作交互式幻灯片

在 PowerPoint 中，可以为幻灯片中的文本、图像等对象添加超链接或者动作按钮。当放映幻灯片时，可以在添加了超链接的文本或动作按钮上单击，程序将自动跳转到指定的页面，或者执行指定的程序。

10.5.1 添加动作按钮

动作按钮是 PowerPoint 中预先设置好的一组带有特定动作的图形按钮，这些按钮被预先设置为指向前一张、后一张、第一张、最后一张幻灯片、播放声音及播放电影等链接，应用这些预置好的按钮，可以实现在放映幻灯片时跳转的目的。

【例 10-6】在"公司简介"演示文稿中添加动作按钮。

视频+素材 （素材文件\第 10 章\例 10-6）

step① 启动 PowerPoint 2016，打开"公司简介"演示文稿。

step② 选择第 2 张幻灯片，选择【插入】选项卡，在【插图】组中单击【形状】按钮，在弹出的类别中选择一种动作按钮，本例选择【后退或前一项】按钮◁。

step③ 在幻灯片中合适的位置按住鼠标左键绘制动作按钮，释放鼠标后打开【操作设置】对话框，保持默认设置，单击【确定】按钮。

step④ 此时显示该动作按钮，拖动到合适位置，如下图所示。

step⑤ 选中幻灯片中绘制的动作按钮，选择【格式】选项卡，在【形状样式】组中单击【其他】按钮▾，在展开的库中选择一种形状样式。

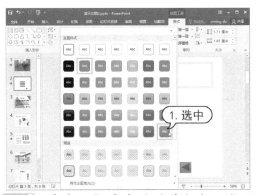

step ⑥ 选中幻灯片中的动作按钮，按下 Ctrl+C 组合键，再按下 Ctrl+V 组合键粘贴该按钮，在【插入形状】组中单击【编辑形状】下拉按钮，在弹出的菜单中选择【更改形状】|【动作按钮：自定义】选项，打开【操作设置】对话框。选中【超链接到】单选按钮，单击下拉按钮，在弹出的列表中选择【幻灯片】选项，单击【确定】按钮。

step ⑦ 打开【超链接到幻灯片】对话框，选择一张幻灯片，单击【确定】按钮。

step ⑧ 返回【操作设置】对话框，单击【确定】按钮。

step ⑨ 右击自定义的动作按钮，在弹出的菜单中选择【编辑文字】命令，然后在按钮上输入文本"结束放映"。

10.5.2 添加超链接

超链接是指向特定位置或文件的一种连接方式，可以利用它指定程序的跳转的位置。超链接只有在幻灯片放映时才有效。在 PowerPoint 中，超链接可以跳转到当前演示文稿中的特定幻灯片、其他演示文稿中特定的幻灯片、电子邮件地址、文件或 Web 页上。

只有幻灯片中的对象才能添加超链接，备注、讲义等内容不能添加超链接。幻灯片中可以显示的对象几乎都可以作为超链接的载体。添加或修改超链接的操作一般在普通视图中的幻灯片编辑窗口中进行。

【例 10-7】在"公司简介"演示文稿中添加超链接。

视频+素材 (素材文件\第 10 章\例 10-7)

step ① 启动 PowerPoint 2016，打开"公司简介"演示文稿。

step ② 选中第 6 张幻灯片中的艺术字，右击鼠标，在弹出的快捷菜单中选择【超链接】命令。

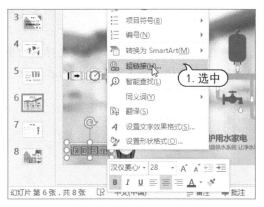

片中，文本将显示超链接格式，在放映时单击【返回目录】艺术字，将返回第2张幻灯片。

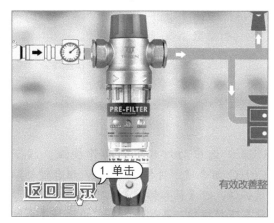

step 3 打开【超链接】对话框，在【链接到】列表框中选择【本文档中的位置】选项，在【请选择文档中的位置】列表框中选择【目录】选项，即链接到第2张幻灯片，然后单击【确定】按钮。

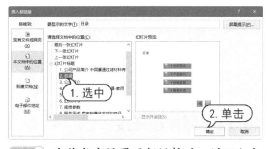

step 4 为艺术字设置了超链接后，返回幻灯

10.6 案例演练

本章的案例演练部分是制作数字钟动画效果等几个实例操作，用户通过练习从而巩固本章所学知识。

10.6.1 制作数字钟动画

【例10-8】制作一个数字钟动画。

视频+素材 (素材文件\第10章\例10-8)

step 1 启动 PowerPoint 2016，建立一个新的演示文稿，选择【插入】选项卡，在【插图】组中单击【形状】按钮，在弹出的列表中选择【矩形】选项，在幻灯片中绘制一个矩形图形覆盖整个页面。

step 2 选择【格式】选项卡，在【形状样式】组中单击【形状轮廓】按钮，在弹出的菜单中选择【无轮廓】选项。

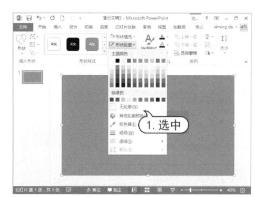

step 3 重复步骤1、2的操作，在幻灯片中再插入一个较小的矩形图形，并将其设置为"无轮廓"。

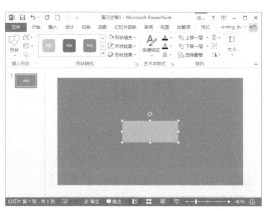

step 4 先选中幻灯片中大矩形图形，再按住 Ctrl 键选中小矩形图形，在【格式】选项卡的【插入形状】组中单击【合并形状】按钮，在弹出的列表中选择【剪除】选项。

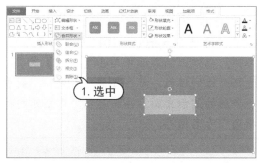

step 5 此时，幻灯片中的大矩形图形将被挖空，形成蒙版。

step 6 在【插入】选项卡的【文本】组中单击【文本框】按钮，在弹出的列表中选择【横排文本框】选项，在幻灯片中插入一个文本框，并在其中输入文本。

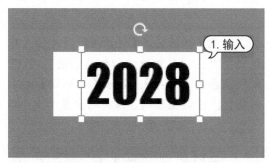

step 7 设置好文本框中文本的位置后，参照该文本位置将文本框修改为 4 个文本框，如下图所示。其中，在左起第 1 个文本框中输入 "2"，第 2 个文本框中输入 "0"，第 3 个

文本框中输入 "0、1、2"，第 4 个文本框中输入 "0~9" 的 10 个数字。

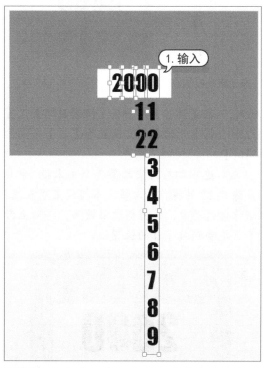

step 8 选中第 4 个文本框，在【动画】选项卡的【动画】组中单击【添加动画】按钮，在弹出的列表中选择【直线】动作路径动画。

step 9 在【高级动画】组中单击【动画窗格】按钮，在打开的窗格中选中添加的动作路径动画，然后单击【动画】组中的【效果选项】按钮，在弹出的列表中选择【上】选项。

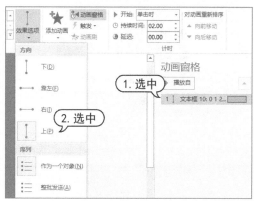

step 10 用鼠标按住幻灯片中的路径控制点向上拖动，将动画数字 8 拖动到数字 0 的位置，如下图所示。

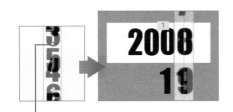

拖动路径控制点

step 11 在【计时】组中将【持续时间】设置为 10，将【开始】参数设置为【与上一动画同时】。

step 12 选中幻灯片中的第 3 个文本框，重复步骤 8~11 的操作，为该文本框设置"直线"动作路径动画，并调整动画效果，将动画数字 2 拖动到数字 0 的位置上。

step 13 按住 Shift 键选中幻灯片中的 4 个文本框，右击鼠标，在弹出的菜单中选择【置于底层】|【置于底层】命令。

step 14 最后，将幻灯片的背景颜色设置为与矩形图形一致，动画的设置效果如下图所示。

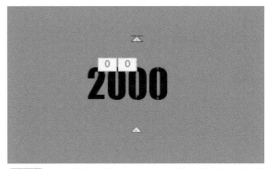

step 15 在【动画】选项卡的【预览】组中单击【预览】按钮，即可查看数字钟动画的效果。

10.6.2 制作购物指南

【例 10-9】制作"巨划算购物指南"演示文稿，为该演示文稿中的对象设置超链接。
视频+素材（素材文件\第 10 章\例 10-9）

step 1 启动 PowerPoint 2016，单击【文件】按钮，在弹出的界面中单击【新建】选项，选择合适的模板，单击【创建】按钮，创建一个新的演示文稿，并将其以"巨划算购物指南"为名保存。

step 2 在【标题版式】文本占位符中输入标题文字"巨划算购物中心购物指南"，设置文字颜色为【黑色】，删除【副标题】文本占位符，并调整标题占位符的位置和大小。

step 3 在幻灯片中插入两个横排文本框，并

分别输入 E-mail 地址和购物中心简介，并将字体颜色设置为【黑色】。

step 4 单击【形状】按钮，在弹出的菜单中选择【爆炸形 2】选项，在幻灯片中插入该图形，右击该图形，在打开的快捷菜单中选择【编辑文字】命令，在其中输入文字。

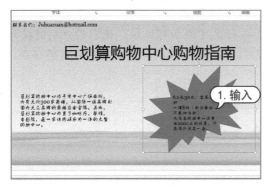

step 5 选中【爆炸形 2】选项，设置该图形的边框颜色为【红色】，填充颜色为【黄色】，此时，第一张幻灯片效果如下图所示。

step 6 在幻灯片缩略图窗口中选择第 2 张幻灯片，将其显示在幻灯片编辑窗口中，在幻灯片的两个文本占位符中分别输入文字。

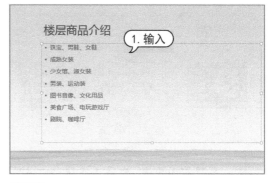

step 7 在幻灯片缩略图窗口中选择第 3 张幻灯片，将其显示在幻灯片编辑窗口中，在幻灯片中输入标题文字"商场一层"，设置文字字体为【华文琥珀】。

step 8 选择【插入】选项卡，在【插图】组里单击【形状】按钮，在弹出的菜单中选择【卷形：水平】选项，将其内部颜色填充为【橙色】，并在其中输入说明文字，设置文字颜色为【深蓝】色，字号为 32。

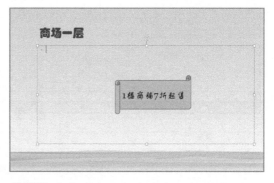

step 9 选择【插入】选项卡，在【图像】组中单击【图片】按钮，选择并插入图片，调整插入图片的位置。

step ⑩ 参照前面步骤,为第4~6张幻灯片添加并设置修饰内容。

step ⑪ 在幻灯片缩略窗口中选择第 2 张幻灯片缩略图,将其显示在幻灯片编辑窗口中,,选中文本"珠宝、男鞋、女鞋",右击,打开快捷菜单,选择【链接】命令,打开【插入超链接】对话框。

step ⑫ 在该对话框的【链接到】列表中单击【本文档中的位置】选项,在【请选择文档中的位置】列表框中选择【幻灯片标题】展开列表中的【3.商场一层】选项,单击【确定】按钮。

step ⑬ 此时该文字变为绿色且下方出现横线,放映幻灯片时,如果单击该超链接,演示文稿将自动跳转到第 3 张幻灯片。

step ⑭ 参照前面步骤,为第 2 张幻灯片的第2~4 行文字添加超链接,使它们分别链接到幻灯片的商场二层、商场三层和商场四层。

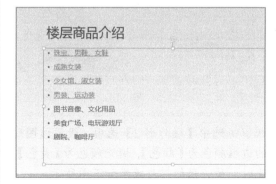

第11章

放映与发布演示文稿

在 PowerPoint 2016 中，用户可以选择最为理想的放映速度与放映方式，使幻灯片的放映过程更加清晰明确。此外，还可以将制作完成的演示文稿进行打包或发布。本章将介绍管理演示文稿放映和发布的操作内容。

 **本章对应视频**

11.1 应用排练计时

制作完演示文稿后，用户可以根据需要进行放映前的准备，若演讲者为了专心演讲需要自动放映演示文稿，可以选择排练计时设置，从而使演示文稿自动播放。

11.1.1 设置排练计时

排练计时的作用在于为演示文稿中的每张幻灯片计算好播放时间之后，在正式放映时自行放映幻灯片，演讲者则可以专心进行演讲而不用再去控制幻灯片的切换等操作。在放映幻灯片之前，演讲者可以运用 PowerPoint 的【排练计时】功能来排练整个演示文稿放映的时间，即将每张幻灯片的放映时间和整个演示文稿的总放映时间了然于胸。当真正放映时，就可以做到从容不迫。

实现排练计时的方法为：打开【幻灯片放映】选项卡，在【设置】组中单击【排练计时】按钮，此时将进入排练计时状态，在打开的【录制】工具栏中将开始计时。

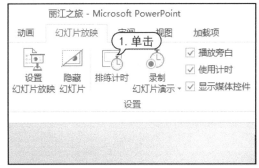

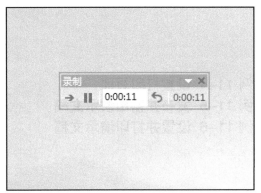

若当前幻灯片中的内容显示的时间足够，则可单击鼠标进入下一对象或下一张幻灯片的计时，以此类推。当所有内容完成计

时后，将打开提示对话框，单击【是】按钮即可保留排练计时。

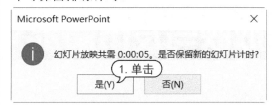

从幻灯片浏览视图中可以看到每张幻灯片下方均显示各自的排练时间。

11.1.2 取消排练计时

当幻灯片被设置了排练计时后，实际情况又需要演讲者手动控制幻灯片，那么，就需要取消排练计时设置。

取消排练计时的方法为：打开【幻灯片放映】选项卡，单击【设置】组里的【设置幻灯片放映】按钮，打开【设置放映方式】对话框，在【换片方式】选项区域中，选择【手动】单选按钮，单击【确定】按钮，即可取消排练计时。

11.2 幻灯片放映设置

在放映幻灯片之前可对放映方式进行设置，PowerPoint 提供了灵活的幻灯片放映控制方法和适合不同场合的幻灯片放映类型，用户可选用不同的放映方式和类型，使演示更为得心应手。

11.2.1 设置放映类型

在【设置放映方式】对话框的【放映类型】选项区域中可以设置幻灯片的放映模式。

➤ 【观众自行浏览(窗口)】模式：观众自行浏览是在标准 Windows 窗口中显示的放映形式，放映时的 PowerPoint 窗口具有菜单栏、Web 工具栏，类似于浏览网页的效果，便于观众自行浏览。

➤ 【演讲者放映(全屏幕)】模式：该模式是系统默认的放映类型，也是最常见的全屏放映方式。在这种放映方式下，将以全屏幕放映演示文稿，演讲者现场控制演示节奏，具有放映的完全控制权。用户可以根据观众的反应随时调整放映速度或节奏，还可以暂停下来进行讨论或记录观众即席反应。一般用于召开会议时的大屏幕放映、联机会议或网络广播等。

➤ 【展台浏览(全屏幕)】模式：采用该

放映类型，最主要的特点是不需要专人控制就可以自动运行，在使用该放映类型时，如超链接等的控制方法都失效。当播放完最后一张幻灯片后，会自动从第一张重新开始播放，直至用户按下 Esc 键才会停止播放。

> **知识点滴**
>
> 使用【展台浏览(全屏幕)】模式放映演示文稿时，用户不能对其放映过程进行干预，必须设置每张幻灯片的放映时间，或者预先设定演示文稿排练计时，否则可能会长时间停留在某张幻灯片上。

11.2.2 设置放映方式

PowerPoint 2016 提供了多种演示文稿的放映方式，最常用的是幻灯片页面的演示控制，主要有幻灯片的定时放映、连续放映和循环放映等。

1. 定时放映

用户在设置幻灯片切换效果时，可以设置每张幻灯片在放映时停留的时间，当等待到设定的时间后，幻灯片将自动向下放映。

打开【切换】选项卡，在【计时】选项组中选择【单击鼠标时】复选框，则用户单击鼠标或按下 Enter 键和空格键时，放映的演示文稿将切换到下一张幻灯片；选中【设置自动换片时间】复选框，并在其右侧的文本框中输入时间(时间为秒)后，则在放映演示文稿时，当幻灯片等待了设定的秒数之后，将自动切换到下一张幻灯片。

2. 连续放映

在【切换】选项卡的【计时】组中选中【设置自动换片时间】复选框，并为当前选定的幻灯片设置自动换片时间，再单击【全部应用】按钮，为演示文稿中的每张幻灯片设定相同的换片时间，即可实现幻灯片的连续自动放映。

3. 循环放映

用户将制作好的演示文稿设置为循环放映，可以应用于如展览会场的展台等场合，让演示文稿自动运行并循环播放。

打开【幻灯片放映】选项卡，在【设置】组中单击【设置幻灯片放映】按钮，打开【设置放映方式】对话框。在对话框的【放映选项】选项区域中选中【循环放映，按 Esc 键终止】复选框，则在播放完最后一张幻灯片后，会自动跳转到第 1 张幻灯片，而不是结束放映，直到用户按 Esc 键退出放映状态。

4. 自定义放映

自定义放映是指用户可以自定义幻灯片放映的张数，使一个演示文稿适用于多种观众，即可以将一个演示文稿中的多张幻灯片进行分组，以便给特定的观众放映演示文稿中的特定部分。用户可以用超链接分别指向演示文稿中的各个自定义放映，也可以在放映整个演示文稿时只放映其中的某个自定义放映。

打开【幻灯片放映】选项卡，单击【开始放映幻灯片】组中的【自定义幻灯片放映】按钮，在弹出的菜单中选择【自定义放映】命令，打开如下图所示的【自定义放映】对话框，单击【新建】按钮。

可以打开【定义自定义放映】对话框，在该对话框中用户可以进行相关的自定义放映设置。

11.3 放映幻灯片

完成准备工作后，就可以开始放映已设计好的演示文稿。在放映的过程中，用户可以使用激光笔等工具对幻灯片进行标记等操作。

11.3.1　开始放映幻灯片

完成放映前的准备工作后就可以开始放映幻灯片了。常用的放映方法为从头开始放映和从当前幻灯片开始放映等。

➤ 从头开始放映：按下 F5 键，或者在【幻灯片放映】选项卡的【开始放映幻灯片】组中单击【从头开始】按钮。

➤ 从当前幻灯片开始放映：在状态栏的幻灯片视图切换按钮区域中单击【幻灯片放映】按钮，或者在【幻灯片放映】选项卡的【开始放映幻灯片】组中单击【从当前幻灯片开始】按钮。

➤ 联机演示幻灯片：利用 Windows Live 账户或组织提供的联机服务，直接向远程观众呈现所制作的幻灯片。用户可以完全控制幻灯片的进度，而观众只需在浏览器中跟随浏览。需要注意的问题是：使用【联机演示】功能时，需要用户先注册一个 Windows Live 账户。

11.3.2　使用激光笔和黑白屏

在幻灯片放映的过程中，可以将鼠标设置为激光笔，也可以将幻灯片设置为黑屏或白屏显示。

1. 激光笔

在幻灯片放映视图中，可以将鼠标指针变为激光笔样式，以将观看者的注意力吸引到幻灯片上的某个重点内容或特别要强调的内容位置。

将演示文稿切换至幻灯片放映视图状态下，按 Ctrl 键的同时，单击鼠标左键，此时鼠标指针变成激光笔样式，移动鼠标指针，将其指向观众需要注意的内容上。激光笔默认颜色为红色，用户可以更改其颜色，打开【设置放映方式】对话框，在【激光笔颜色】下拉列表框中选择颜色即可。

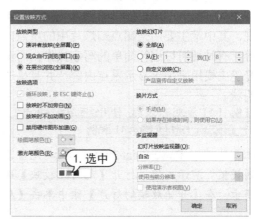

2. 黑屏和白屏

在幻灯片放映的过程中，有时为了隐藏幻灯片内容，可以将幻灯片进行黑屏或白屏显示。具体方法为：全屏放映下，在右键菜单中选择【屏幕】|【黑屏】命令或【屏幕】|【白屏】命令即可。

11.3.3 添加标记

若想在放映幻灯片时为重要位置添加标记以突出强调重要内容，那么此时就可以利用 PowerPoint 2016 提供的笔或荧光笔来实现。其中笔主要用来圈点幻灯片中的重点内容，有时还可以进行简单的写字操作；而荧光笔主要用来突出显示重点内容，并且呈透明状。

【例 11-1】放映演示文稿，使用绘图笔标注重点。

📀 视频+素材 (素材文件\第 11 章\例 11-1)

step① 启动 PowerPoint 2016，打开"光盘策划提案"演示文稿。打开【幻灯片放映】选项卡，在【开始放映幻灯片】组中单击【从头开始】按钮，放映演示文稿。

step② 放映到第 2 张幻灯片时，单击 ✏ 按钮，或者在屏幕中右击，在弹出的快捷菜单中选择【荧光笔】命令，将绘图笔设置为荧光笔样式。

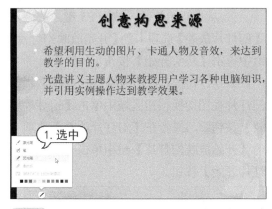

step③ 在放映视图中右击，从弹出的快捷菜单中选择【指针选项】|【墨迹颜色】命令，然后从弹出的颜色面板中选择【红色】色块。

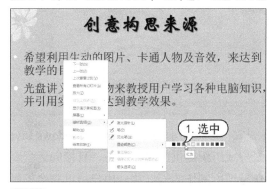

step④ 此时，鼠标指针变为一个小矩形形状 ■，在需要绘制的地方拖动鼠标绘制标记。

step 5 当放映到第 3 张幻灯片时，右击空白处，从弹出的快捷菜单中选择【指针选项】|【笔】命令。在放映视图中右击，从弹出的快捷菜单中选择【指针选项】|【墨迹颜色】命令，然后从弹出的颜色面板中选择【蓝色】色块。

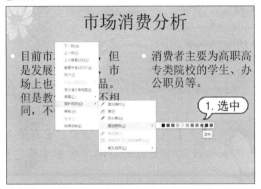

step 6 此时拖动鼠标在放映界面中的文字下方绘制墨迹效果。

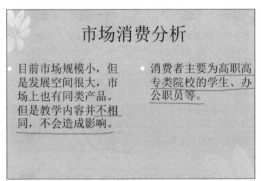

step 7 当幻灯片播放完毕后，单击鼠标左键退出放映状态时，系统将弹出对话框询问用户是否保留在放映时所做的墨迹注释，单击【保留】按钮，此时将绘制的标注图形保留在幻灯片中。

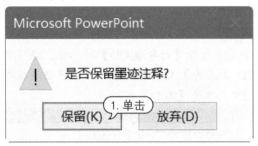

step 8 在快速访问工具栏中单击【保存】按钮保存文档。

11.4　打包和发布演示文稿

通过打包演示文稿，可以创建演示文稿的 CD 或是打包文件夹，然后在另一台计算机上进行幻灯片放映。发布演示文稿是指将 PowerPoint 2016 演示文稿存储到幻灯片库中，以达到共享和调用各个演示文稿的目的。

11.4.1　将演示文稿打包成 CD

将演示文稿打包成 CD 的操作方法为：单击演示文稿中的【文件】按钮，在弹出的界面中选择【导出】选项，在右侧的界面中选择【将演示文稿打包成 CD】选项，打开【打包成 CD】对话框，在其中单击【复制到CD】按钮，即可将演示文稿压缩到 CD。

【例 11-2】将演示文稿打包为 CD。
视频+素材 (素材文件\第 11 章\例 11-2)

step 1 启动 PowerPoint 2016，打开"销售业绩报告"演示文稿，单击【文件】按钮，在弹出的界面中选择【导出】命令。在右侧界面的【导出】选项区域中选择【将演示文稿打包成 CD】选项，并在右侧的界面中单击【打包成 CD】按钮。

step 2 打开【打包成 CD】对话框，在【将 CD 命名为】文本框中输入"销售业绩报告 CD"，单击【添加】按钮。

step 3 打开【添加文件】对话框，选择"梵高作品展"文件，单击【添加】按钮。

step 4 返回【打包成 CD】对话框，可以看到新添加的演示文稿，单击【选项】按钮。

step 5 打开【选项】对话框，选择包含的文件，在密码文本框中输入相关的密码(这里设置打开密码为 123，修改密码为 456)，单击【确定】按钮。

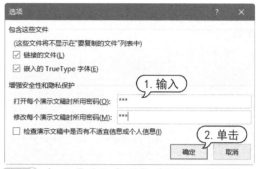

step 6 打开【确认密码】对话框，重新输入打开和修改演示文稿的密码，单击【确定】按钮。

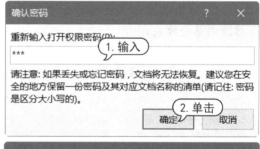

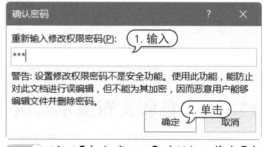

step 7 返回【打包成 CD】对话框，单击【复制到文件夹】按钮。

step⑧ 打开【复制到文件夹】对话框,在【位置】文本框右侧单击【浏览】按钮。

知识点滴

如果用户的计算机装有刻录机,可以在【打包成 CD】对话框中单击【复制到 CD】按钮,PowerPoint 将检查刻录机中的空白 CD,在插入正确的空白刻录盘后,即可将打包的文件刻录到光盘中。

step⑨ 打开【选择位置】对话框,在其中设置文件的保存路径,单击【选择】按钮。

step⑩ 返回【复制到文件夹】对话框,在【位置】文本框中查看文件的保存路径,单击【确定】按钮。

step⑪ 打开 Microsoft PowerPoint 提示框,单击【是】按钮。

step⑫ 此时系统将开始自动复制文件到文件夹,打包完毕后,将自动打开保存的文件夹【销售业绩报告 CD】,将显示打包后的所有文件。

11.4.2　发布演示文稿

演示文稿发布到幻灯片库之后,具有该幻灯片库访问权限的任何人均可访问该演示文稿。下面通过具体实例介绍发布演示文稿的方法。

【例 11-3】发布演示文稿。

🎬 视频+素材 (素材文件\第 11 章\例 11-3)

step① 启动 PowerPoint 2016,打开“幼儿数学教学”演示文稿,单击【文件】按钮,在弹出的界面中选择【共享】选项,在右侧的【共享】界面中选择【发布幻灯片】选项,单击【发布幻灯片】按钮。

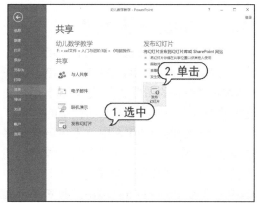

step② 打开【发布幻灯片】对话框,在中间的列表框中选中需要发布到幻灯片库中的幻灯片缩略图前的复选框,然后单击【发布到】下拉列表框右侧的【浏览】按钮。

step ③ 打开【选择幻灯片库】对话框，选择
要发布到的路径位置，单击【选择】按钮。

step ④ 返回【发布幻灯片】对话框，在【发
布到】下拉列表框中显示发布到的位置，单
击【发布】按钮。此时，即可在发布到的幻
灯片库位置中查看发布后的幻灯片。

> **知识点滴**
>
> 在【发布幻灯片】对话框中的【发布到】下拉
> 列表框中可以直接输入要将幻灯片发布到的幻灯
> 片库的位置。

11.5 输出其他格式

　　演示文稿制作完成后，还可以将它们转换为其他格式的文件，如图片文件、视频文件、
PDF 文档等，以满足用户多用途的需要。

11.5.1 输出为图形文件

　　PowerPoint 支持将演示文稿中的幻灯片
输出为 GIF、JPG、PNG、TIFF、BMP、WMF
及 EMF 等格式的图形文件。这有利于用户在
更大范围内交换或共享演示文稿中的内容。

　　在 PowerPoint 2016 中，不仅可以将整
个演示文稿中的幻灯片输出为图形文件，还
可以将当前幻灯片输出为图片文件。

step ① 启动 PowerPoint 2016，打开演示文
稿，单击【文件】按钮，从弹出的界面中选
择【导出】选项，在中间界面的【导出】选
项区域中选择【更改文件类型】选项，在界
面右侧的【图片文件类型】选项区域中选择

【PNG 可移植网络图形格式】选项，单击【另
存为】按钮。

step ② 打开【另存为】对话框，设置存放路
径，单击【保存】按钮。

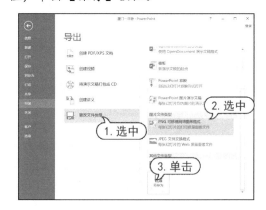

step 3 此时系统会弹出提示对话框，供用户选择输出为图片文件的幻灯片范围，单击【所有幻灯片】按钮，开始输出图片。

step 4 完成输出后，自动弹出提示框，提示用户每张幻灯片都以独立的方式保存到文件夹中，单击【确定】按钮即可。

step 5 打开保存的文件夹，此时 6 张幻灯片以 PNG 格式显示在文件夹中。

11.5.2　输出为 PDF 文档

在 PowerPoint 2016 中，用户可以方便地将制作好的演示文稿输出为 PDF/XPS 文档。

step 1 启动 PowerPoint 2016，打开演示文稿。单击【文件】按钮，从弹出的界面中选择【导出】选项，选择【创建 PDF/XPS 文档】选项，单击【创建 PDF/XPS】按钮。

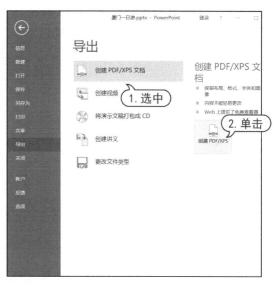

step 2 打开【发布为 PDF 或 XPS】对话框，设置保存文档的路径，单击【选项】按钮。

step 3 打开【选项】对话框，在【发布选项】选项区域中选中【幻灯片加框】复选框，保持其他默认设置，单击【确定】按钮。

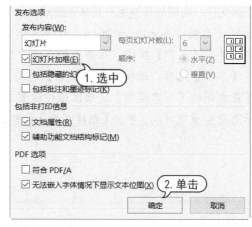

step④ 返回【发布为 PDF 或 XPS】对话框，在【保存类型】下拉列表框中选择 PDF 选项，单击【发布】按钮。

step⑤ 发布完成后，自动打开发布成 PDF 格式的文档。

11.5.3 输出为视频文件

PowerPoint 2016 还可以将演示文稿输出为视频内容，以供用户通过视频播放器播放该视频文件，实现与其他用户共享该视频。

step① 启动 PowerPoint 2016，打开演示文稿，单击【文件】按钮，在弹出的界面中选择【导出】选项，选择【创建视频】选项，并在右侧的【创建视频】选项区域中设置显示选项和放映时间，单击【创建视频】按钮。

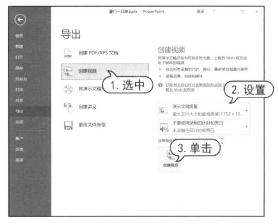

step② 打开【另存为】对话框，设置视频文件的名称和保存路径，单击【保存】按钮。

step③ 此时 PowerPoint 2016 窗口任务栏中将显示制作视频的进度。

step④ 制作完毕后，打开视频存放路径，双击视频文件，即可使用电脑中的视频播放器播放该视频。

11.6　打印演示文稿

在 PowerPoint 2016 中，制作完成的演示文稿不仅可以进行现场演示，还可以将其通过打印机打印出来，分发给观众作为演讲提示。

11.6.1　设置打印页面

在打印演示文稿前，可以根据自己的需要对打印页面进行设置，使打印的形式和效果更符合实际需要。

打开【设计】选项卡，在【自定义】组中单击【幻灯片大小】下拉按钮，在弹出的下拉列表中选择【自定义幻灯片大小】选项。

在打开的【幻灯片大小】对话框中对幻灯片的大小、编号和方向进行设置。

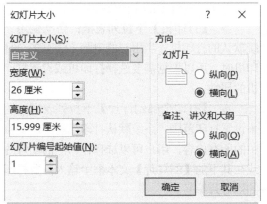

该对话框中部分选项的含义如下。

▷ 【幻灯片大小】下拉列表框：该下拉列表框用来设置幻灯片的大小。

▷ 【宽度】和【高度】微调文本框：用来设置打印区域的尺寸，单位为厘米。

▷ 【幻灯片编号起始值】微调框：用来设置当前打印的幻灯片的起始编号。

▷ 【方向】选项区域：可以分别设置幻灯片与备注、讲义和大纲的打印方向，在此处设置的打印方向对整个演示文稿中的所有幻灯片及备注、讲义和大纲均有效。

【例 11-4】设置演示文稿打印页面。
视频+素材 (素材文件\第 11 章\例 11-4)

step 1 启动 PowerPoint 2016，打开"厦门一日游"演示文稿。

step 2 打开【设计】选项卡，在【自定义】组中单击【幻灯片大小】下拉按钮，在弹出的下拉列表中选择【自定义幻灯片大小】选项。

step 3 打开【幻灯片大小】对话框，在【幻灯片大小】下拉列表中选择【自定义】选项，然后在【宽度】微调框中输入 26 厘米，在【高度】微调框中输入 16 厘米；在【方向】选项区域中选中【备注、讲义和大纲】中的【横向】单选按钮，单击【确定】按钮即可完成设置。

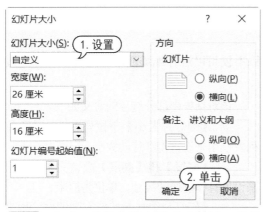

step ④ 此时，系统会弹出提示对话框，供用户选择是要最大化内容大小还是按比例缩小以确保适应新幻灯片，单击【确保适合】按钮。

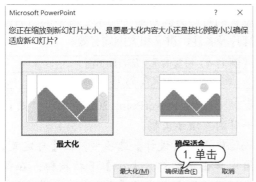

step ⑤ 打开【视图】选项卡，在【演示文稿视图】组中单击【幻灯片浏览】按钮，此时即可查看设置页面属性后的幻灯片缩略图效果。

step ⑥ 在【演示文稿视图】组中单击【备注页】按钮，切换至备注页视图，查看设置后的幻灯片。

11.6.2 预览并打印

用户在页面设置中设置好打印的参数后，在实际打印之前，可以使用打印预览功能先预览一下打印的效果。对当前的打印设置及预览效果满意后，可以连接打印机开始打印演示文稿。

单击【文件】按钮，从弹出的界面中选择【打印】选项，打开打印界面，在中间的【打印】窗格中进行相关设置。

其中，各选项的主要作用如下。

➤ 【打印机】下拉列表框：自动调用系统默认的打印机，当用户的电脑上装有多个打印机时，可以根据需要选择打印机或设置打印机的属性。

➤ 【打印全部幻灯片】下拉列表框：用来设置打印范围，系统默认打印当前演示文稿中的所有内容，用户可以选择打印当前幻灯片或在其下的【幻灯片】文本框中输入需要打印的幻灯片编号。

▶ 【整页幻灯片】下拉列表框：用来设置打印的版式、边框和大小等参数。

▶ 【调整】下拉列表框：用来设置打印顺序。

▶ 【颜色】下拉列表框：用来设置幻灯片打印时的颜色。

▶ 【份数】微调框：用来设置打印的份数。

step 1 启动 PowerPoint 2016，打开演示文稿。单击【文件】按钮，从弹出的界面中选择【打印】选项。在最右侧的窗格中可以查看幻灯片的打印效果，单击预览页中的【下一页】按钮▶，查看下一张幻灯片效果。

step 2 在【显示比例】进度条中拖动滑块，将幻灯片的显示比例设置为 60%，查看其中的文本内容。

step 3 单击【下一页】按钮▶，逐一查看每张幻灯片中的具体内容。

step 4 在【份数】微调框中输入 10；单击【整页幻灯片】下拉按钮，在弹出的下拉列表框中选择【6 张水平放置的幻灯片】选项；在【颜色】下拉列表框中选择【颜色】选项。

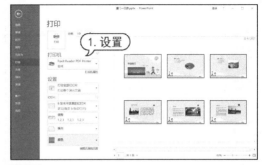

step 5 在【打印机】下拉列表中选择正确的打印机，设置完毕后，单击【打印】按钮，即可开始打印幻灯片。

11.7　案例演练

本章的案例演练部分是发布演示文稿等几个实例操作，用户通过练习从而巩固本章所学知识。

11.7.1 发布并输出演示文稿

【例11-5】发布演示文稿并输出1张幻灯片为PNG格式。

▶ 视频+素材 (素材文件\第 11 章\例 11-5)

step 1 启动 PowerPoint 2016，打开"咖啡拉花技巧"演示文稿。

step 2 单击【文件】按钮，在弹出的界面中选择【共享】选项，在右侧的【共享】界面中选择【发布幻灯片】选项，单击【发布幻灯片】按钮。

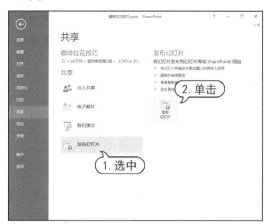

step 3 打开【发布幻灯片】对话框，在中间的列表框中选中需要发布到幻灯片库中的幻灯片缩略图前的复选框，然后单击【发布到】下拉列表框右侧的【浏览】按钮。

step 4 打开【选择幻灯片库】对话框，选择要发布到的幻灯片库，单击【选择】按钮。

step 5 返回【发布幻灯片】对话框，在【发布到】下拉列表框中显示发布到的位置，单击【发布】按钮。

step 6 此时，即可在发布到的幻灯片库位置中查看发布后的幻灯片。

step 7 选择第 4 张幻灯片，单击【文件】按钮，从弹出的界面中选择【导出】命令，在中间窗格的【导出】选项区域中选择【更

改文件类型】选项，在右侧的【图片文件类型】选项区域中选择【PNG 可移植网络图形格式】选项，单击【另存为】按钮。

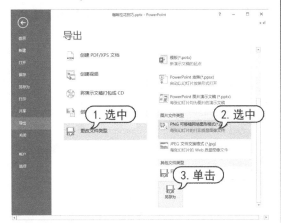

step 8 打开【另存为】对话框，设置存放路径，单击【保存】按钮。

step 9 此时系统会弹出提示对话框，供用户选择输出为图片文件的幻灯片范围，单击【仅当前幻灯片】按钮，开始输出选定幻灯片图片。

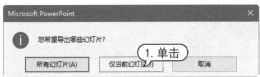

step 10 打开保存路径所在的文件夹，此时 1 张幻灯片以 PNG 格式显示在文件夹中。双击该图片，打开并查看图片。

11.7.2 设置并打印演示文稿

【例 11-6】为演示文稿设置打印选项并进行打印。

视频+素材 (素材文件\第 11 章\例 11-6)

step 1 启动 PowerPoint 2016，打开"丽江之旅"演示文稿。

step 2 打开【设计】选项卡，在【自定义】组中单击【幻灯片大小】下拉按钮，在弹出的下拉列表中选择【自定义幻灯片大小】选项。

step ③ 打开【幻灯片大小】对话框，在【幻灯片大小】下拉列表中选择【自定义】选项，然后在【宽度】微调框中输入 30 厘米，在【高度】微调框中输入 20 厘米；在【方向】选项区域中选中【备注、讲义和大纲】中的【横向】单选按钮，单击【确定】按钮即可完成设置。

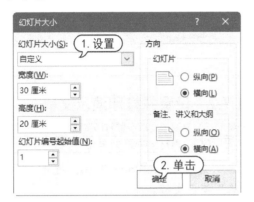

step ④ 此时，系统会弹出提示对话框，供用户选择是要最大化内容大小还是按比例缩小以确保适应新幻灯片，单击【确保适合】按钮。

step ⑤ 单击【文件】按钮，从弹出的界面中选择【打印】选项。在最右侧的窗格中可以查看幻灯片的打印效果。

step ⑥ 在【份数】微调框中输入 10；单击【整页幻灯片】下拉按钮，在弹出的下拉列表框中选择【4 张水平放置的幻灯片】选项；在【颜色】下拉列表框中选择【纯黑白】选项。

step ⑦ 在【打印机】下拉列表中选择正确的打印机，设置完毕后，单击【打印】按钮，即可开始打印幻灯片。

第12章

Office 办公综合案例演示

本章将通过多个实用案例来串联各知识点，帮助用户加深与巩固所学知识，灵活运用 Office 2016 的各种功能，提高综合应用的能力。

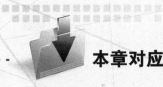 本章对应视频

12.1 编排长文档

本节介绍 Word 2016 的编排长文档功能,使用户可以更好地练习添加目录和批注等操作,完善长文档的审阅。

【例 12-1】编排"人事管理制度"文档。
视频+素材 (素材文件\第 12 章\例 12-1)

step 1 启动 Word 2016 应用程序,打开"人事管理制度"文档。

step 2 打开【视图】选项卡,在【文档视图】组中单击【大纲视图】按钮,切换至大纲视图查看文档的结构层次。

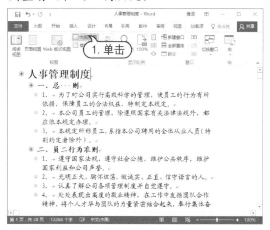

step 3 双击标题"人事管理制度"前的 ⊕ 按钮,将折叠所有的文本内容。

step 4 在【大纲】选项卡的【大纲工具】组中单击【显示级别】下拉按钮,从弹出的下

拉菜单中选择【2 级】选项。此时,文档的二级标题将显示出来,方便用户查看文档的整体结构。

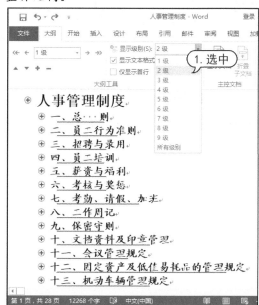

step 5 在【关闭】组中单击【关闭大纲视图】按钮,关闭大纲视图,返回页面视图。

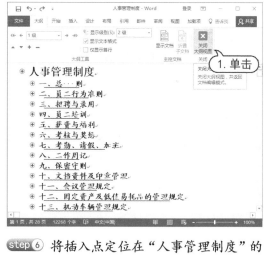

step 6 将插入点定位在"人事管理制度"的下一行,打开【引用】选项卡,在【目录】组中单击【目录】下拉按钮,从弹出的目录样式列表框中选择【自动目录 1】选项。

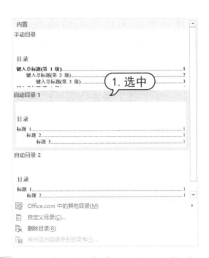

step 7 即可在文档中套用该目录格式，并自动生成目录。

step 8 选取整个目录，打开【开始】选项卡，在【字体】组中的【字体】下拉列表框中选择【黑体】选项，在【字号】下拉列表框中选择【四号】选项；在【段落】组中单击【居中】按钮，设置文本居中显示。

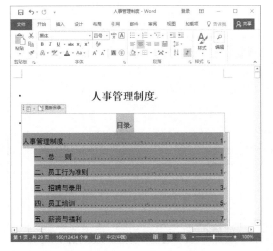

step 9 单击【段落】组中的对话框启动器按钮，打开【段落】对话框的【缩进和间距】选项卡，在【间距】选项区域的【行距】下拉列表中选择【1.5 倍行距】选项，单击【确定】按钮，完成目录格式的设置。

step 10 选取标题"三、招聘与录用"下面的文本"《人员增补申请表》"，打开【审阅】选项卡，在【批注】组中单击【新建批注】按钮。

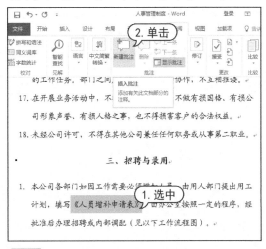

step 11 Word 会自动添加批注框，在批注框中输入批注文本。

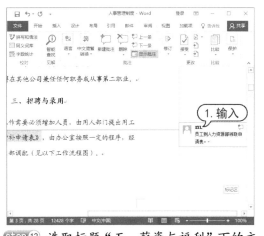

step ⑫ 选取标题"五、薪资与福利"下的文本"职工各项福利",打开【引用】选项卡,在【脚注】组中单击【插入脚注】按钮。

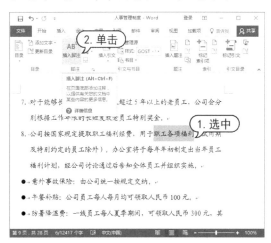

step ⑬ 此时将在该页面末尾处添加一个【脚注】标记,然后在编辑区域中输入文本内容"参考《劳动法》相关条例"。

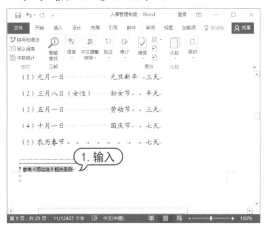

step ⑭ 将插入点定位在文档的第一个表格的上一行,在【题注】组中单击【插入题注】按钮。

step ⑮ 打开【题注】对话框,在【选项】选项区域的【标签】下拉列表框中选择【表格】选项,单击【确定】按钮。

step ⑯ 此时自动在插入点处插入表格题注,效果如下图所示。

step ⑰ 使用同样的方法,插入其他表格题注。

step⑱ 打开【审阅】选项卡，在【修订】组中单击【修订】按钮。

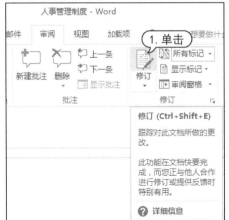

step⑲ 定位到第一条需要修改的文本的位置，输入所需的字符，添加的文本下方将显示下画线，此时添加的文本也以紫色显示。

一、总···则

1.→为了对公司实行高效科学的管理，使员工在公司的行为有所依据，保障员工的合法权益，特制定本规定。

2.→本公司员工的管理，除遵照国家有关法律法规外，都应依本规定办理。

3.→本规定所称员工，系指本公司聘用的全体从业人员（特别约定者除外）。

step⑳ 选中文本"（特别约定者除外）"，按 Delete 键，将其删除，此时，删除的文本将以紫色显示，并在文本中添加紫色删除线。

一、总···则

1.→为了对公司实行高效科学的管理，使员工在公司的行为有所依据，保障员工的合法权益，特制定本规定。

2.→本公司员工的管理，除遵照国家有关法律法规外，都应依本规定办理。

3.→本规定所称员工，系指本公司聘用的全体从业人员（特别约定者除外）。

step㉑ 当所有的修订工作完成后，单击【修订】组中的【修订】按钮，即可退出修订状态。

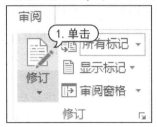

step㉒ 单击【更改】组中的【接受】按钮，在下拉菜单中选择【接受此修订】命令。

step㉓ 此时删除的文本和紫线效果将一起消失，效果如下图所示。

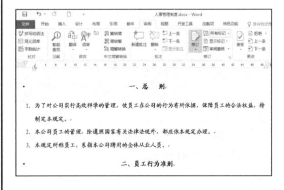

12.2 制作宣传单

在 Word 2016 中制作"茶饮宣传单"文档，使用户可以更好地练习插入图片、SmartArt 图形、文本框等图文混排的操作技巧。

【例12-2】新建"茶饮宣传单"文档，在其中插入图片、SmartArt图形和文本框等。

视频+素材 (素材文件\第12章\例12-2)

step① 启动 Word 2016 应用程序，新建一个空白文档，并将其以"茶饮宣传单"为名保存。

step② 打开【插入】选项卡，在【插图】组中单击【联机图片】按钮，打开【插入图片】界面，在搜索框中输入"咖啡"，单击【搜索】按钮□。

step③ 此时开始查找计算机与网络上的联机图片，选择1张图片，单击【插入】按钮。

step④ 插入该图片，使用鼠标调整边框控制点，调整图片的大小。

step⑤ 打开【插入】选项卡，在【插图】组中单击【图片】按钮，打开【插入图片】对话框，选择电脑中的图片的位置，选中图片，单击【插入】按钮。

step⑥ 此时插入计算机中的图片，如下图所示。

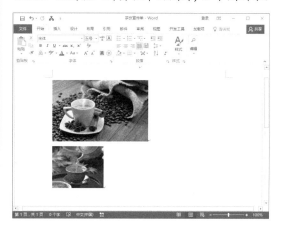

step⑦ 将插入点定位在文档开头位置。启动 IE 浏览器，在地址栏中输入 http://www.nipic.com/show/1/58/3735604kb88782c3.html，打开所需的网页页面。

step 8　切换到 Word 文档，打开【插入】选项卡，在【插图】组中单击【屏幕截图】按钮，从弹出的列表框中选择【屏幕剪辑】选项。

step 9　进入屏幕截图状态，灰色区域中显示截图网页的窗口，将鼠标指针移动到需要的图片位置，待指针变为十字形时，按住左键进行拖动，拖动至合适的位置后，释放鼠标，截图完毕。

step 10　此时即可在文档开头位置显示所截取的图片。

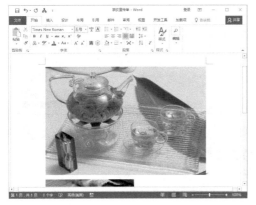

step 11　选择最下面的图片，打开【图片工具】的【格式】选项卡，在【大小】组中的【形状高度】微调框中输入"2.5 厘米"，按 Enter 键，即可自动调节图片的宽度和高度。

step 12　在【排列】组中，单击【环绕文字】按钮，从弹出的菜单中选择【浮于文字上方】命令，此时该图片将浮动在其他图片上。

step 13　将鼠标指针移至该图片上，待鼠标指针变为形状时，按住左键不放，向文档最右侧进行拖动，拖动到合适位置后，释放鼠标，调整图片的位置。

step 14　使用同样的方法，设置其他图片的环绕方式为【衬于文字下方】，并使用鼠标拖动调整图片到合适位置，效果如下图所示。

step 15 选中上方的图片，打开【图片工具】的【格式】选项卡，在【大小】组中单击【裁剪】下拉按钮，从弹出的下拉菜单中选择【裁剪为形状】|【云形】选项。

step 16 此时即可将图片裁剪为一个云形，效果如下图所示。

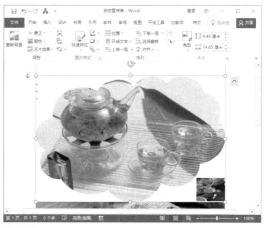

step 17 打开【插入】选项卡，在【插图】组中单击 SmartArt 按钮，打开【选择 SmartArt 图形】对话框，在【流程】选项卡中选择【连续块状流程】选项，单击【确定】按钮。

step 18 此时，即可在文档中插入具有【连续块状流程】样式的 SmartArt 图形，效果如下图所示。

step 19 在【文本】框处单击，输入文字，并调整图形的大小和位置。

step 20 选中 SmartArt 图形，打开【SmartArt 工具】的【设计】选项卡，在【SmartArt 样式】组中单击【更改颜色】按钮，在打开的颜色列表中选择【彩色范围-个性色 4 至 5】选项，为图形更改颜色。

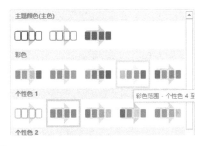

step 21 选择 SmartArt 图片中的文字框，打开【SmartArt 工具】的【格式】选项卡，在【艺术字样式】组中单击【其他】按钮，打开艺术字样式列表框，选择一种样式，为 SmartArt 图形中的文本应用该艺术字样式。

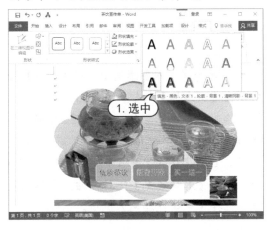

step 22 打开【插入】选项卡，在【文本】组中单击【文本框】按钮，从弹出的菜单中选择【绘制文本框】命令，将鼠标移动到合适的位置，此时鼠标指针变成十字形时，拖动鼠标指针绘制横排文本框，释放鼠标，完成横排文本框的绘制操作。

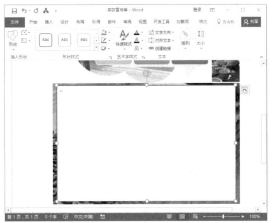

step 23 在文本框中输入文本，设置标题字体为【隶书】，字号为【一号】，字体颜色为【灰色，个性色 3】；设置类目和正文文本字号为【四号】、字体颜色为【浅蓝】；设置类目文本字形为【加粗】。

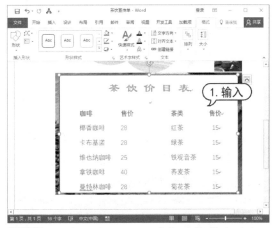

step 24 右击文本框，从弹出的菜单中选择【设置形状格式】命令，打开【设置形状格式】窗格，在【填充】选项区域中选择【无填充】选项，完成文档的设置。

step㉕ 在快速访问工具栏中单击【保存】按钮，保存"茶饮宣传单"文档。

12.3 制作入场券

通过制作入场券，学习插入图片、文本框、形状等图文混排操作，巩固 Word 2016 有关图文制作的相关知识。

【例 12-3】通过在文档中插入图片和文本框，制作一个入场券。

🎦 视频+素材 (素材文件\第 12 章\例 12-3)

step① 启动 Word 2016 应用程序，新建一个空白文档，并将其以"入场券"为名保存。

step② 选择【插入】选项卡，在【插图】组中单击【图片】按钮，在打开的对话框中选择一个图像文件，单击【插入】按钮，在文档中插入一张图片。

step③ 选择【格式】选项卡，在【大小】组中将【形状高度】设置为 63.62 毫米，将【形状宽度】设置为 175 毫米。

step④ 选择文档中的图片，右击鼠标，在弹出的菜单中选择【环绕文字】|【衬于文字下方】命令。

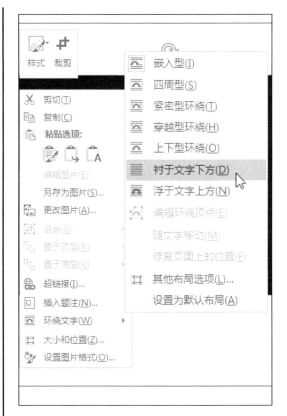

step⑤ 选择【插入】选项卡，在【文本】组中单击【文本框】按钮，在弹出的菜单中选择【绘制文本框】命令，在图片上绘制一个横排文本框。

step⑥ 选择【格式】选项卡，在【形状样式】组中单击【形状填充】下拉按钮，在弹出菜单中选择【无填充颜色】选项。

step 7 在【形状样式】组中单击【形状轮廓】下拉按钮，在展开的库中选择【无形状轮廓】选项。

step 11 选择【插入】选项卡，在【插图】组中单击【图片】按钮，在打开的对话框中选择一个图片文件后，单击【插入】按钮，在文档中插入一个图像。

step 8 选中文档中的文本框，在【大小】组中将【形状高度】设置为 16 毫米，【形状宽度】设置为 80 毫米，设置文本框的大小。

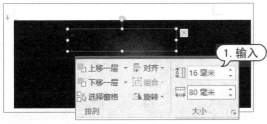

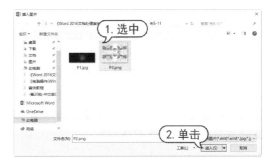

step 9 选中文本框并在其中输入文本，在【开始】选项卡的【字体】组中设置字体为【微软雅黑】，【字号】为【小二】，【字体颜色】为【金色】。

step 12 右击文档中插入的图像，在弹出的菜单中选择【环绕文字】|【浮于文字上方】命令，调整图片的环绕方式，然后按住鼠标左键拖动，调整图像位置。

step 13 在【插入】选项卡的【插图】组中单击【形状】下拉按钮，在展开的库中选择【矩形】选项，在文档中绘制如下图所示的矩形图形。

step 10 重复以上步骤在文档中插入其他文本框，并设置文本的格式、大小和颜色，完成后的效果如下图所示。

step 14 选择【格式】选项卡，在【形状样式】组中单击【其他】按钮，在展开的库中选择【透明-彩色轮廓-金色】选项。

step ⑮ 在【形状样式】组中单击【形状轮廓】下拉按钮，在弹出的菜单中选择【虚线】|【其他线条】命令，打开【设置形状格式】窗格，设置【短画线类型】为【短画线】，设置【宽度】为【1.75磅】。

step ⑯ 完成所有制作后，按住 Shift 键选中文档中的所有对象，右击鼠标，在弹出的菜单中选择【组合】|【组合】命令。

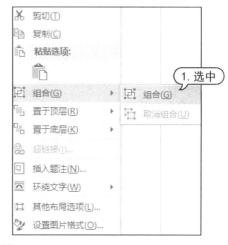

step ⑰ 最后入场券的效果如下图所示。

12.4 计算工资

在 Excel 2016 中运用公式计算工资，学习并巩固 Excel 中函数和公式的方法。

【例12-4】创建"工资预算表"工作簿，使用公式和函数进行计算。

视频+素材 (素材文件\第12章\例12-4)

step ① 启动 Excel 2016 应用程序，创建"工资预算表"工作簿，并在 Sheet1 工作表中输入数据。

step 2 选中 G3 单元格，将鼠标指针定位至编辑栏中并输入"="。

step 3 单击 F3 单元格，输入"*"。

step 4 单击 C12 单元格，然后按下 F4 键。

step 5 按下 Enter 键，即可在 G3 单元格中计算出员工"林海涛"的加班补贴。

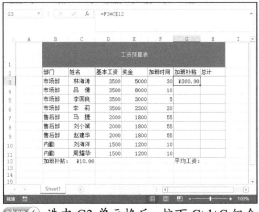

step 6 选中 G3 单元格后，按下 Ctrl+C 组合键复制公式。选中 G4:G11 单元格区域，然后按下 Ctrl+V 组合键粘贴公式，系统将自动计算结果，如下图所示。

step 7 选中 H3 单元格，输入公式"=D3+E3+G3"。

step 8 按下 Enter 键，即可在 H3 单元格中计算出员工"林海涛"的总工资。

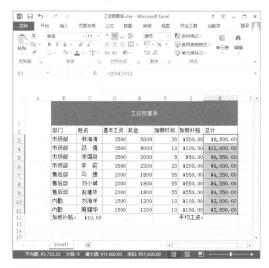

step 9 将鼠标指针移动至 H3 单元格右下角，当其变为加号状态时，按住鼠标左键拖动至 H11 单元格，计算出所有员工的总收入。

step 10 选中 H12 单元格，然后选择【公式】选项卡，在【函数库】组中单击【自动求和】下拉列表按钮，在弹出的下拉列表中选中【平均值】选项。

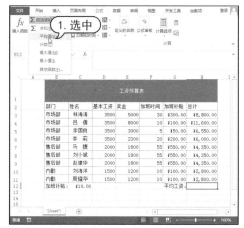

step 11 按下 Ctrl+Enter 组合键，即可在 H12 单元格中计算出所有员工的平均工资。

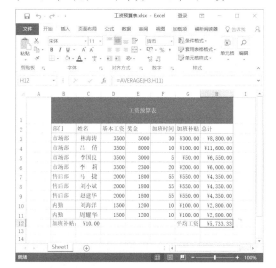

12.5 制作图表

在 Excel 2016 中制作并使用一些特殊方法设置图表，学习并巩固 Excel 图表的操作方法。

【例 12-5】 在图表绘图区中设置三种颜色，分别显示数据系列差(<50)、中(50-100)和优(100-150)3 个档次。

📀视频+素材 (素材文件\第 12 章\例 12-5)

step 1 在工作表中输入数据后，按住 Ctrl 键选中 A2:A6 和 E2:E6 单元格区域。选择【插入】选项卡，在【图表】组中单击【推荐的图表】按钮。

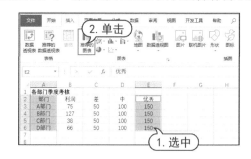

step ② 打开【插入图表】对话框，选中【簇状柱形图】选项，单击【确定】按钮，在工作表中插入一个柱形图。

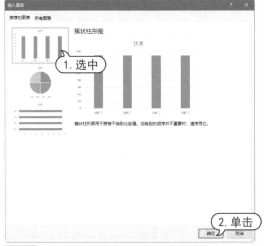

step ③ 选中并右击图表中的数据系列，在弹出的菜单中选择【设置数据系列格式】命令。

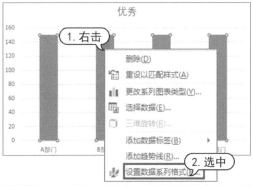

step ④ 打开【设置数据系列格式】窗格，单击【系列选项】按钮▮，在展开的选项区域中调整【系列重叠】和【间隙宽度】参数。

step ⑤ 选中 D2:D6 单元格区域后，按下 Ctrl+C 组合键执行"复制"命令。

step ⑥ 选中图表，按下 Ctrl+V 组合键，执行"粘贴"命令。

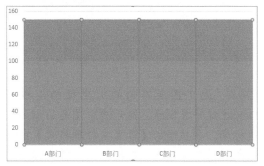

step ⑦ 重复步骤 5、6 的操作，将 C2:C6 和 B2:B6 单元格区域中的数据复制到图表中。

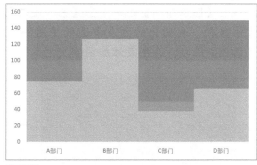

step ⑧ 选中图表中的"利润"数据系列，右击鼠标，在弹出的菜单中选择【设置数据系列格式】命令，在打开的窗格中选中【次坐标轴】单选按钮，设置【间隙宽度】参数为 180%。

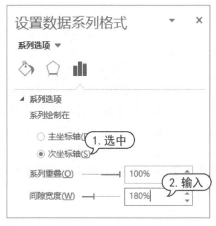

step ⑨ 此时，图表重点数据系列效果如下图所示。

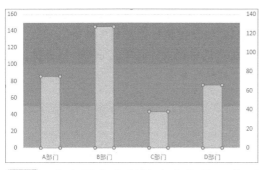

step ⑩ 选中图表右侧的次坐标轴，按下 Delete 键将其删除，然后选中图表左侧的主坐标轴，在显示的【设置坐标轴格式】窗格中单击【坐标轴选项】按钮 ，将坐标轴选项的【最大值】设置为 150。

step ⑪ 保持图表的选中状态，在【设计】选项卡的【图表布局】组中单击【添加图表元素】按钮，在弹出的列表中选择【图例】|【右侧】选项，为图表添加图例。

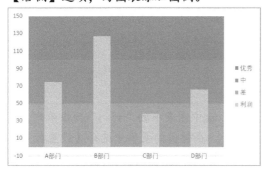

step ⑫ 选中图表中的"利润"数据系列，单击【添加图表元素】按钮，在弹出的列表中选择【数据标签】|【数据标签外】选项，为数据系列添加数据标签。

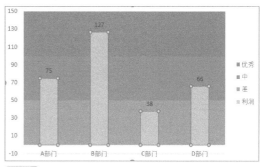

step ⑬ 分别选中图表中的"差""中"和"优秀"数据系列，在【格式】选项卡的【形状样式】组中单击【形状填充】按钮，在弹出的列表中为每个数据系列设置不同的填充颜色，完成后的图表样式如下图所示。

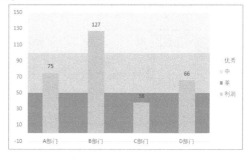

12.6 制作数据透视图

在 Excel 2016 中制作数据透视图并进行数据分析，学习并巩固数据透视图的操作方法。

【例 12-6】在"模拟考试成绩汇总"工作簿中，根据现有的数据透视表制作数据透视图。

视频+素材 (素材文件\第 12 章\例 12-6)

step ① 启动 Excel 2016，打开"模拟考试成绩汇总"工作簿的【数据透视表】工作表。

step ② 选定数据透视表中的任意单元格，打开【数据透视表工具】的【分析】选项卡，在【工具】组中单击【数据透视图】按钮。

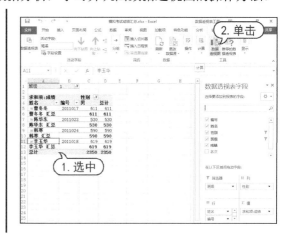

step 3　打开【插入图表】对话框，在【柱形图】选项卡里选择【三维簇状柱形图】选项，然后单击【确定】按钮。

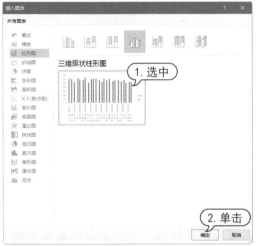

step 4　此时，在该工作表中插入一个数据透视图。

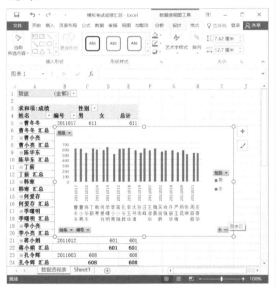

step 5　打开【数据透视图工具】的【设计】选项卡，在【位置】组中单击【移动图表】按钮。

step 6　打开【移动图表】对话框。选中【新工作表】单选按钮，在其中的文本框中输入工作表的名称"数据透视图"，然后单击【确定】按钮。

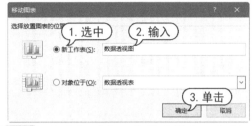

step 7　此时即可在工作簿中添加一个新工作表，同时插入数据透视图。

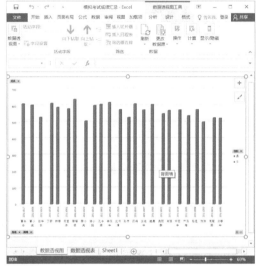

step 8　打开【数据透视图工具】的【设计】选项卡，在【图表布局】组中单击【快速布局】按钮，从弹出的列表框中选择【布局9】样式，为数据透视图快速应用该样式。

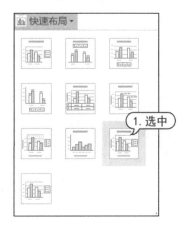

step 9 修改图表标题、纵坐标标题和横坐标标题文本。

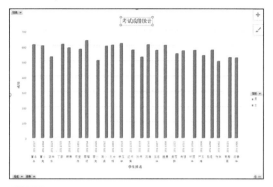

step 10 双击图表区中的背景墙，打开【设置背景墙格式】窗格，在【填充】选项区域里选中【纯色填充】单选按钮，选择颜色为【浅绿】。

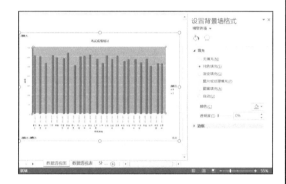

step 11 打开【数据透视图工具】的【分析】选项卡，在【显示/隐藏】组中分别单击【字段列表】和【字段按钮】按钮，将这两个按钮点亮，即可显示数据透视图字段列表和字段按钮。

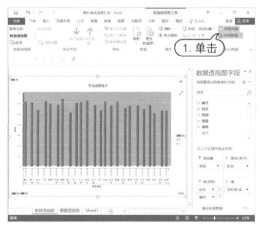

step 12 单击【班级】字段按钮，从弹出的列表框中选择【1】选项，单击【确定】按钮，即可在数据透视图中显示 1 班学生的项目。

step 13 在【数据透视图字段】窗格的【选择要添加到报表的字段】列表框中单击【性别】右侧的下拉按钮，从弹出的列表框中选中【男】复选框，然后单击【确定】按钮。

step 14 此时，在数据透视图中筛选出 1 班所有男同学的项目。

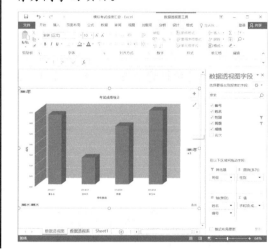

12.7　设置动画效果

在 PowerPoint 2016 中设置幻灯片切换动画和对象动画，学习并巩固在 PowerPoint 中设置动画效果的方法。

【例 12-7】设置 4 张幻灯片的切换动画和对象动画。
视频+素材 (素材文件\第 12 章\例 12-7)

step① 打开演示文稿后，选择【切换】选项卡，在【切换到此幻灯片】组中选中【随机】动画选项。

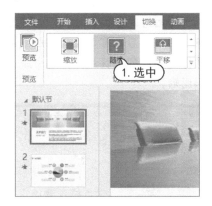

step② 在【计时】组中将【持续时间】设置为 01.50，并选中【单击鼠标时】复选框。

step③ 单击【计时】组中的【声音】按钮，在弹出的列表中选择【其他声音】选项。

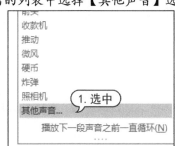

step④ 在打开的【添加音频】对话框中选中一个音频文件，然后单击【确定】按钮。

step⑤ 在【计时】组中单击【全部应用】按钮，将设置的幻灯片切换动画应用到所有的幻灯片中。

step⑥ 选择【动画】选项卡，在【高级动画】组中单击【动画窗格】按钮，打开【动画窗格】窗格。

step⑦ 选中幻灯片中的图片，在【动画】组中选中【浮入】选项，为图片对象设置一个"浮入"效果的进入动画。

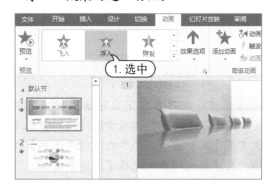

step⑧ 在【动画】组中单击【效果选项】按钮，在弹出的列表中选择【下浮】选项。

step⑨ 选中幻灯片中左下方的"关于我们"文本框，在【动画】选项卡的【高级动画】组中单击【添加动画】选项，在弹出的列表中选择【更多进入效果】选项。

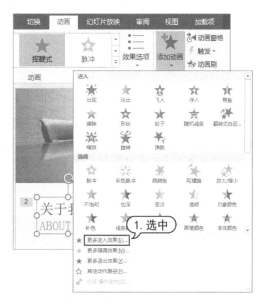

step ⑩ 打开【更改进入效果】对话框，选中【挥鞭式】选项后，单击【确定】按钮。

step ⑪ 选中幻灯片右下角包含大段文本的文本框，在【动画】选项卡的【动画】组中选中【浮入】选项，并单击【效果选项】按钮，在弹出的列表中选择【上浮】选项。

step ⑫ 在【动画窗格】窗格中选中编号为3的动画，右击鼠标，在弹出的列表中选择【计时】选项。

step ⑬ 在打开的对话框中单击【开始】下拉按钮，在弹出的下拉列表中选择【与上一动画同时】选项，在【延迟】文本框中输入0.5。

step ⑭ 单击【确定】按钮，返回【动画窗格】窗格，各对象动画的设置如下图所示。

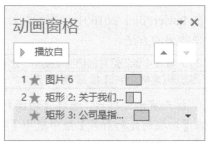

step ⑮ 选择【视图】选项卡，在【母版视图】组中单击【幻灯片母版】按钮，切换至幻灯片母版视图，然后在窗口左侧的版式列表中选择【标题和内容】版式，并选中版式中的三角形图形。

step ⑯ 选择【动画】选项卡，在【动画】组中选中【飞入】选项，然后单击【效果选项】按钮，在弹出的列表中选择【自左侧】选项。

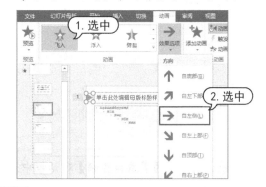

step ⑰ 选中母版中的标题占位符，然后重复步骤9、10的操作，打开【添加进入效果】对话框，选中【挥鞭式】选项后，单击【确定】按钮，为占位符设置"挥鞭式"动画效果。

step ⑱ 在【计时】组中单击【开始】下拉按钮，在弹出的下拉列表中选择【与上一动画同时】选项，然后在【幻灯片母版】选项卡中单击【关闭母版视图】按钮，关闭幻灯片母版视图。

step ⑲ 选中幻灯片中的椭圆图形，在【动画】选项卡的【高级动画】组中单击【添加动画】按钮，重复步骤 9、10 的操作，为图形设置【升起】进入动画。

step ⑳ 按住 Ctrl 键选中幻灯片中的 6 个图标，在【动画】选项卡中单击【添加动画】按钮，为其设置"回旋"进入动画。

step ㉑ 按住 Ctrl 键选中幻灯片中的 6 个文本框，在【动画】选项卡的【动画】组中为其设置【飞入】动画效果。

step ㉒ 按住 Ctrl 键选中幻灯片左侧的 3 个文本框，在【动画】选项卡的【动画】组中单击【效果选项】按钮，在弹出的列表中选择【自左侧】选项。

step ㉓ 按住 Ctrl 键选中幻灯片右侧的 3 个文本框，在【动画】选项卡的【动画】组中单击【效果选项】按钮，在弹出的列表中选择【自右侧】选项。

step ㉔ 在窗口右侧选中第 3 张幻灯片，然后选中幻灯片中的圆形图形，在【动画】选项卡的【动画】组中选中【缩放】选项。

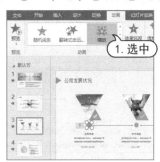

step ㉕ 按住 Ctrl 键选中幻灯片中的图片和文本框，在【动画】组中选中【浮入】选项。

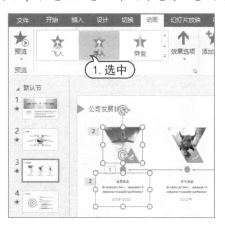

step ㉖ 选中幻灯片中的图标，在【高级动画】组中单击【添加动画】按钮，为图标设置【切入】动画。

step ㉗ 选中幻灯片中的直线图形，单击【添加动画】按钮，为图形添加【擦除】动画。

step ㉘ 重复步骤 23~25 的操作，为幻灯片中的其他对象设置动画效果。

step ㉙ 在窗口左侧的列表中选中第 4 张幻灯片，选中幻灯片中的圆形图形，在【动画】选项卡中单击【添加动画】按钮，为图形设置【升起】动画。

step ㉚ 选中幻灯片左上角的飞镖图形，单击【添加动画】按钮，在弹出的列表中选择【直线】选项。

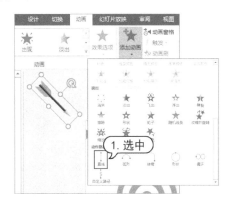

step ㉛ 按住鼠标左键拖动路径动画的目标为圆形图形的正中。

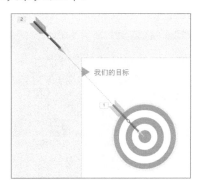

step ㉜ 按住 Ctrl 键分别选中幻灯片右侧的几个文本框，为其设置"飞入"和"浮入"动画，并设置"浮入"动画在"飞入"动画之后运行。

step ㉝ 完成以上设置后，按下 F5 键放映演示文稿，即可观看动画的设置效果。

12.8 将 Excel 数据转换到 Word 文档中

使用复制数据的方法可以将 Excel 数据转换到 Word 文档中，学习 Office 各组件协作办公的方法。

【例 12-8】将 Excel 数据复制到 Word 文档中的表格内。

视频+素材 (素材文件\第 12 章\例 12-8)

step ① 启动 Excel 2016，打开工作簿，选中工作表中的数据。按下 Ctrl+C 组合键执行复制操作。

step ② 启动 Word 2016，将鼠标指针插入文档中，在【插入】选项卡的【表格】组中单击【表格】按钮，在弹出的列表中选择【插入表格】选项。

step 3 打开【插入表格】对话框，在其中设置合适的行、列参数后，单击【确定】按钮，在 Word 中插入一个表格。

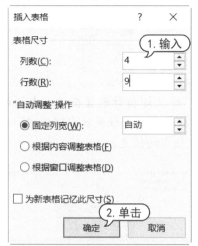

step 4 单击 Word 表格左上角的十字按钮，选中整个表格，在【开始】选项卡的【剪贴板】组中单击【粘贴】按钮，在弹出的列表中选择【选择性粘贴】选项。

step 5 打开【选择性粘贴】对话框，在【形式】列表框中选中【无格式文本】选项，然后单击【确定】按钮。

step 6 此时，即可将 Excel 中的数据复制到 Word 文档的表格中，选中表格的第 1 行，右击鼠标，在弹出的菜单中选择【合并单元格】命令。

step 7 在【开始】选项卡的【字体】组中，设置表格中文本的格式，然后选中并右击表格，在弹出的菜单中选择【自动调整】|【根据内容自动调整表格】命令，调整表格后的最终效果如下图所示。

销售汇总表			
产品名称	单价	销售数量	销售金额
电脑	5999	100	599900
传真机	870	200	174000
打印机	1850	100	185000
数码相机	1099	500	549500
录音笔	99	1000	99000
		销售额总计：	1543104

12.9　Word 与 Excel 数据同步

将 Excel 表格转换到 Word 文档时可以设置两者数据同步，学习 Office 各组件协作办公的方法。

【例 12-9】在 Word 中录入文档，然后把 Excel 中的表格插入 Word 文档中，并且保持实时更新。

🔘 视频+素材 (素材文件\第 12 章\例 12-9)

step 1 启动 Word 2016 并在其中输入文本。

step 2 启动 Excel 2016 并在其中输入数据。

step 3 在 Excel 中选中 A1:C4 单元格区域，然后按下 Ctrl+C 组合键复制数据。

step 4 切换至 Word，选中文档底部的行，在【剪贴板】组中单击【粘贴】按钮，在弹出的列表中选择【链接与保留源格式】选项。

step 5 此时，Excel 中的表格将被复制到 Word 文档中。

step 6 将鼠标指针放置在插入表格的左上角的⊞按钮上，按住鼠标左键拖动，调整表格在文档中的位置。

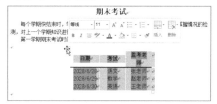

step 7 将鼠标指针放置在表格右下角的□按钮上，按住鼠标左键拖动，调整表格的高度和宽度。

日期	考试	监考老师
2028/6/28	语文	张老师
2028/6/29	数学	赵老师
2028/6/30	英语	王老师

step 8 当 Excel 工作表数据变动时，Word 文档数据会实时更新。例如，在 Excel 工作表 C2 单元格中将"张老师"修改为"徐老师"。

	A	B	C
1	日期	考试	监考老师
2	2028/6/28		徐老师
3	2028/6/29	数学	赵老师
4	2028/6/30	英语	王老师
5			

step 9 此时，Word 中的表格数据将自动同步发生变化。

期末考试

每个学期快结束时，学校往往以试卷的形式对各门学科进行该学期知识掌握情况的检测，对上一个学期知识进行查漏补缺。

第一学期期末考试时间安排如下：

日期	考试	监考老师
2028/6/28	语文	徐老师
2028/6/29	数学	赵老师
2028/6/30	英语	王老师